# ゆる菌活

## 発酵食品を手作りしたら人生が変わった!

おのみさ 著
高橋信之 監修

# はじめに

こんな格好ですいません！私が発酵にハマったきっかけをこれからお話しいたします
おのみさでーす
20～30代の頃の私ときたらもう…
見たくないー～
本人はイケてるつもりのおかしな服
アトピーでデコルテやいろんなところにブツブツあり
顔はニキビだらけ
エヘ
ちょっとしたことでイライラしたり落ち込んだりする
便秘がち…
ヨクデール
飲むとオナカイタイ…
寝付きが悪くてくよくよアレコレ悩んだり…
あの時ちゃんとああ言えばよかった～

だけど40代からは変わってきました
オトナの階段
肌もココロも安定〜〜
服は変わらずちょっとおかしい…
肌がキレイと言われる♪
てへ♡
小声…
お腹まわりはちとやばいのですが…（汗）
タバコもやめたよ!!
快便！
オットとトイレのとりあい
早く〜〜
ドンドン
やめて〜〜
やたら寝付きがいい
ぐおー
ぐおー
もちろん変わったのには理由があります
ものごとにはなんでも理由がある
原因をさがしてみよう!!

忙しい時はコンビニ弁当やインスタントラーメンばかり

デザインやイラストの仕事をしながら常にタバコを吸う

ちっまた修正かよ!!

ザ・不摂生！

チョコ

机の上には灰皿、コーヒー、お菓子、チョコレート

↑ニキビの原因！

明け方に寝て 昼前に起きるフリーランス生活

独身で恋人なし
飼っていた文鳥と一緒に独酌…

そんな私がみそづくりをきっかけに**発酵**のおもしろさとおいしさにハマり…

大豆と麹と塩だけでみそになっとる!!

みそ

# 菌大好きの発酵生活へ！

40代〜現在の私の生活

**麹がおもしろくて夢中**になり
2010年に麹関係の本を出版し
計7冊の本を
つくりました！

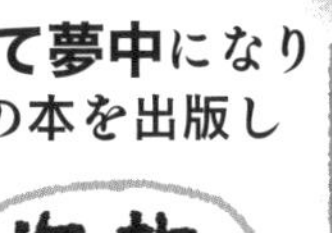

寝付きもいいので
**自然と早起きに**！

さらに麹だけでは飽き足らず
**乳酸菌**や**酵母菌**などの
発酵食品にも夢中になる！

**菌のおかげで**
体調や気持ちまで
こんなに変わってしまうとは
自分でも驚きです



恋人もできて50歳で**結婚**！
毎晩二人で晩酌♪

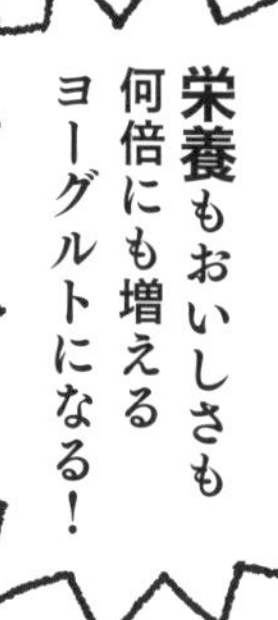

発酵ポイントが
P 5ポイントも
貯まる!!

1 P トロリとした口当たり
2 P 爽やかな酸味
3 P 乳酸菌豊富で整腸作用あり
4 P 有害物質を体内から排出させる！
5 P **免疫力アップ！**

発酵させる手間は
ちょこっとかかるけど

ふたをして
終了〜

ほぼ

なにも
しなくて
いい

果報と菌は寝て待て

ぐーたら

菌ちゃんたちは可愛いし
発酵食品の世界は
知れば知るほどおもしろいです

のんびりごろ寝でもしながら
私と一緒にゆる〜く
**菌活しませんか？**

# おもな菌の紹介

## 乳酸菌

菌業界のアイドル。彼女の吐息**（乳酸）**は**ばい菌を排除**し、食べ物にやさしい酸味を加える。我々の**免疫力を高め**たり、**腸内の悪い物を排出**したりと、可愛い顔して実力派。

## 酵母菌

甘いものを食べると**炭酸ガスとアルコールを出す**、酒好きには嬉しい菌。おちょぼ口なので、小さい（低分子）ものしか食べられないが、麹さんが分解した糖なら食べられる。**果物、花の蜜、樹液**などが好物。

## 納豆菌

その名のとおり、納豆をつくる菌。ワラや枯草に棲んでいるが、土の中にもいるし空も飛ぶし、胞子になれば**宇宙でも生きていける。熱湯をかけても、冷凍しても死なない、丈夫すぎる菌。**日本だけの菌かと思いきや、東南アジアの各地にも仲間がたくさんいる。

## 酢酸菌

酒好きで、**飲むと酒を酢に変え**てしまう。酸味のあるセリフでば**い菌を追い払い、食物を腐りにくく**する。一緒にいると疲れを癒やす、素敵な紳士♡

# 麹菌

日本の調味料や酒のほとんどが麹からできているので、**和食のお母さんのような菌**。カビの仲間なので、米に繁殖したら**米麹**、麦に繁殖したら**麦麹**、大豆に繁殖したら**豆麹**になる。

**麹が持ってるコーソくんたちは100種類近く**いるといわれていて、それぞれ「つながっている食物同士を、持ってる**ハサミで小さく分解**し、おいしく変化させる」という働きをする。たとえば**タンパク質**ならうまみのある**アミノ酸**に、**デンプン**なら甘みのある**糖**に変えるのだ。

※コーソくんたちはまるで生き物のようだが、実はただのタンパク質。自分がタンパク質でできているくせに、タンパク質を変化させるという、不思議なことをしてしまうのだ。コージさん以外の菌も持っている。

# ばい菌

ヤメロー

食べ物を**腐らせたり**、人を**病気にしたり**する菌。ばい菌そのものが悪いわけではなく、ただ自分の人生（菌生？）を素直に生きているだけなのだが、人間にとって良くないことをしてしまい、なんなら死にいたらしめることもあるので、近くにいて欲しくない嫌われ者。ゆる菌生活においては、コイツをいかに近づけないかが大事なので、ここに←バイキンくんが嫌いなものをあげておく。

### バイキンくんが嫌いなもの

**高温**
100～120℃で
ほぼ死ぬが
例外もいる

**低温**
0～-15℃になると
増殖しない

**濃い塩分**
漬物やみそなどは
塩分が濃い方が
日持ちする

**濃い糖分**
ジャムなどは
糖分が濃い方が
日持ちする

**アルコール**
果実酒をつくる時は
度数の高いアルコール
をつかう

**酸味**
乳酸菌が出す乳酸や
酢の酸味など

# もくじ


はじめに 2

## そもそも菌ってなんだろう

おもな菌の紹介 8
菌のいるところ 14
免疫と腸の関係 18

乳酸菌 酵母菌 納豆菌 酢酸菌 麹菌

【実践編】

## つくってみよう！発酵食品

### 美人になるドリンク編 24

ヨーグルト 24

乳酸菌

アレンジレシピ
おからのポテサラ風 32
切り干し大根とカニカマのヨーグルト和え 32
ヨーグルトディップ2種類（たらこ・レーズンナッツ） 33
水切りヨーグルト 33

甘酒 34

麹菌

アレンジレシピ
ハトムギ甘酒 38

ミキ 39

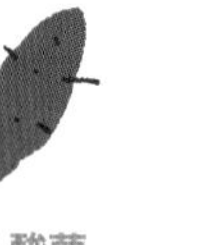

乳酸菌

アレンジレシピ
ミキヨーグルト 46
ミキ浅漬け 46
ミキゆで卵 47
ミキ豆腐 47

りんごソーダ 48

酵母菌

発酵シロップ 55

酵母菌

ゆずを丸ごと使ってみよう！ 58

どぶろく 59

酵母菌　乳酸菌　麹菌

## アンチエイジング編 62

ザワークラウト 62
乳酸菌

柿酢 74
酢酸菌

アレンジレシピ
塩麹あま酢 80
ゆで蛸とわかめの酢の物 80
キャロットラペ 80
キャベツの甘酢和え 80
塩麹酢みそ（ネギとしめじのぬた） 80

塩麹ごまだれ（豚しゃぶサラダ） 81
塩麹豆乳マヨネーズ（温野菜サラダ） 81

納豆 82

納豆菌

アレンジレシピ
ピリ辛ささみ納豆 88
しいたけ納豆 88

## さらなる免疫力アップ！編 89

泡菜 89

乳酸菌

塩麹・麹たれ 93

麹菌

アレンジレシピ／塩麹・麹

麹菌
豆乳ヨーグルトきなこだれ 98
塩麹みどり酢 98
塩麹ハニーマスタード 98

アレンジレシピ／麹たれ
スタミナ醤油麹 99
スタミナナンプラー麹 99
プチトマトとツナの白和え 100
豆とパプリカのピクルス 100

塩水肉 101

塩水豚 104
焼く／炒める・ゆでる 105
煮込む 106
塩水鶏 107
茹鶏 108
塩水鶏チキンライス 109
塩水鶏キャベツサラダ 109

【コラム】
実録！デザイナーSの失敗と発見
ヨーグルト 31　ザワークラウト 72
実録！私の超シンプルスキンケア 73

# 菌のいるところ

菌ってどこにいるの？
ホラココにも
どこにでもいるよ
どこにでもって…

同じ菌でも地域や場所によって種類がちがうみたい
個性いろいろ！

漬物の味が地域やつくる人によって微妙に変わるのはそのせい？
そーそー
ぬかづけ

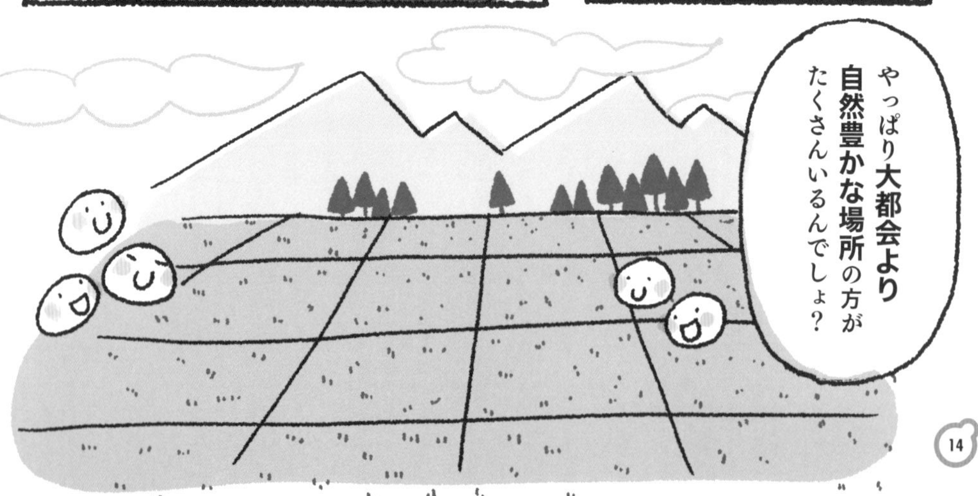
やっぱり大都会より自然豊かな場所の方がたくさんいるんでしょ？

そう、あと野菜とか果物にいっぱいついてるよ！柿の実の表面についてる白っぽい粉も菌なんだって
でも部屋の中には自然のモノとかほとんどないじゃん
観葉植物とか？
お、いいところに気付きなさったね
だから無垢材の家具とか土壁とか漆喰の壁とか陶器を選ぶのがいいんだって
なんで？

**乳酸菌**がすみつくと
雑菌やほこりを
エサにして
**乳酸を出す**の

乳酸

**ばい菌は乳酸が**
**きらい**なので
寄りつかないんだって

※イメージ図です

※炭は時々煮沸消毒して、天日干ししてね

# 免疫と腸の関係

アナタ菌活とか言って
なんでわざわざ
自分で発酵食品を
手づくりしてんの?
つけもの
すっぱくて
ウマーー♥

だって元気に
生きてる菌の方が
いいじゃん
酵素もいっぱい
持ってるし…
免疫力も上がるってよ
シュワシュワ
プクプク

なんで酵素が
あると免疫力が
上がんの?
どーゆーこと?
え!!
ううっ
えっとぉぉ…
知ったかぶりがバレた!!
高橋先生〜!
教えてくださ〜い!
発酵食品を食べると
免疫力がアップ
するっていうけど
具体的にどーゆーこと
なんでしょうか?
誰!?
はーい!
お答えしますよ
東京農業大学
高橋信之先生

人間の腸内には
**免疫スイッチ**という
ものが**何種類**もあります

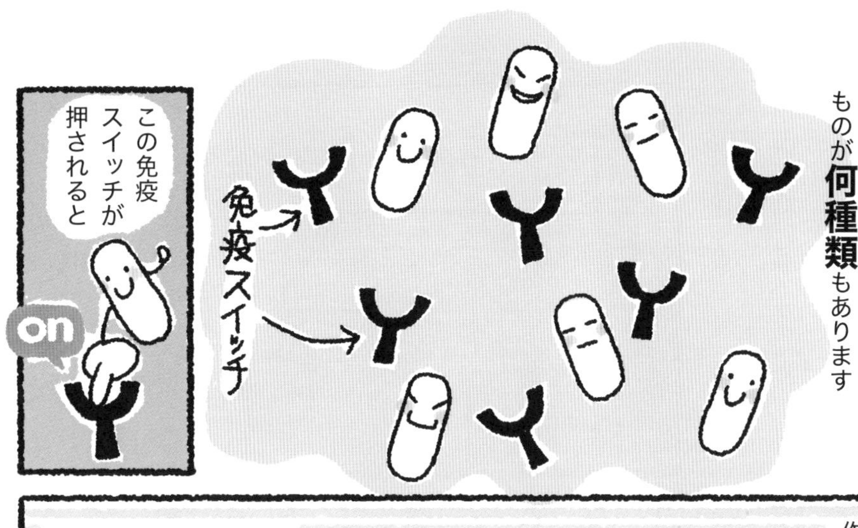


この免疫
スイッチが
押されると

腸内だけでなく**全身**の**免疫系**にも
作用するんです

たとえば**免疫の暴走**をとめたり
(花粉症は免疫の暴走)
免疫が**きちんと働くように**
**促したり**するんです

これが**免疫力が上がる**
ということです

善玉菌の中には自分で
免疫スイッチを押して
悪玉菌をやっつけることで

自分を
**コピー**して
増やすことが
できる
賢い菌が
いるんですよ

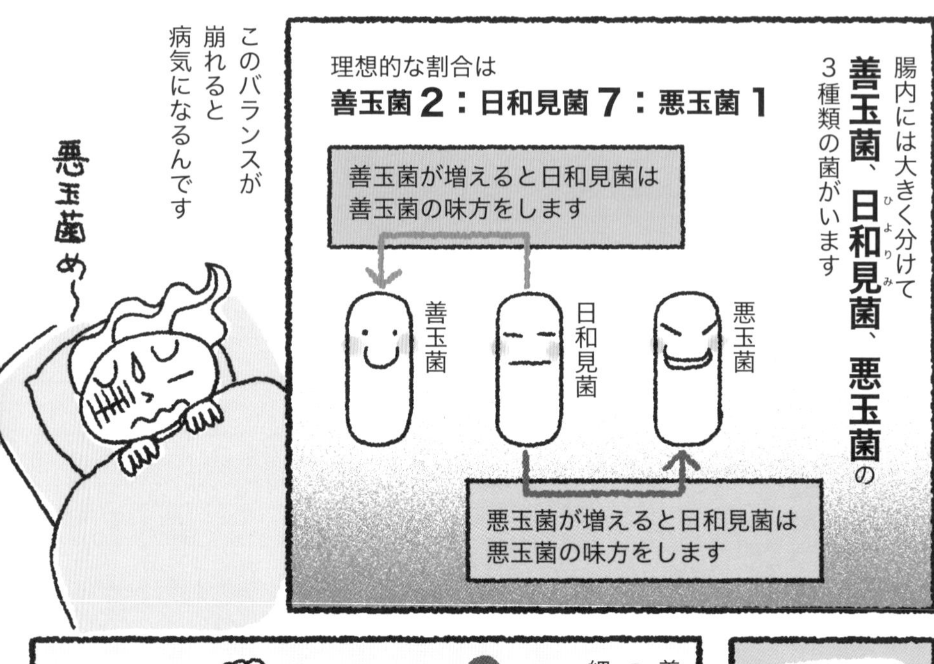

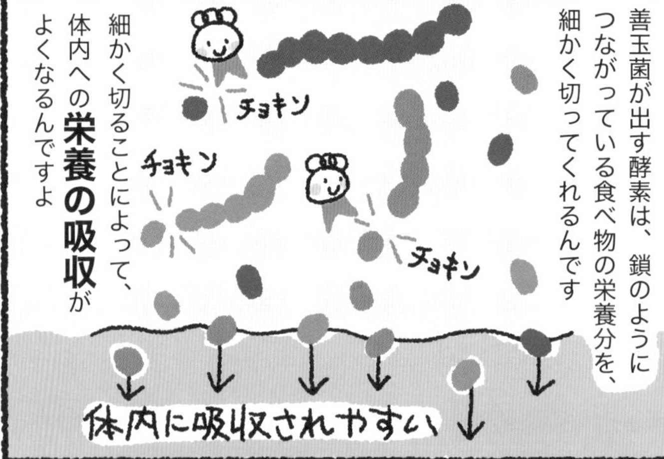


**酵素のハサミ**で腸内の**タンパク質**の鎖を切ると**ペプチド**というものがつくられるんです

タンパク質

ペプチド

もっと細かく切ったものがアミノ酸です

※ P93の塩麹参照

善玉菌が放出する酵素によって食べ物の中のタンパク質が消化され腸内でもいろいろな種類の**ペプチド**がつくられるんです



そしてつくられたペプチドの中に腸内や体の中の色々な**免疫スイッチを押せるもの**があるのです（※）。

よく善玉菌って**生きたまま**腸に届かないと意味がないといわれますが



善玉菌が死んでもペプチドが免疫スイッチを押してくれるから大丈夫！



それに、たとえば死んだ乳酸菌にもほかの乳酸菌がすくすく育つため必要なものがたくさん含まれているのでそうしたものを利用して**腸内の乳酸菌が元気になります**

他の菌もそうです
酢をとれば腸内の酢酸菌が過ごしやすくなり**数が増えるんです**

※ほかにも善玉菌がつくり出す短鎖脂肪酸（酢酸など）などもスイッチを押してくれます

ただ1種類の善玉菌では
いろいろな種類の免疫スイッチを
押すことはできないので
**いろいろな種類の善玉菌を**
**たくさんとる**ことが大切

納豆
泡菜
ヨーグルト
ザワークラウト
塩水肉と麹たれ
つまみにもなる!!

それによっていろいろな免疫スイッチが
押されることになり、
**体の免疫力が上がります**

ただ、どの菌の酵素が
どんな免疫のスイッチを押せるのかは
わかっていません
だからいろんな善玉菌を
たくさんとることが
大切なんです
そして
**継続すること**
が必要です
1〜2ヶ月は
続けたいですね

おいしいと続けられますよ!
毎朝飲んでる「美人ドリンク」

# 実践編

## つくってみよう！ 発酵食品

発酵は時間経過による食材の変化をともないますが、環境や保存状態、扱い方によっては、雑菌の繁殖や味やにおいの異常など、トラブルが生じることもあります。異常を感じた際は破棄する、医師に相談するなど各自の自己責任で対処してください。
また、特定の発酵食品が体質、体調に合わない場合もありますので、ご注意ください。


美人になるドリンク編 24

ヨーグルト 24 乳酸菌
甘酒 34 麹菌
ミキ 39 乳酸菌
りんごソーダ 48 酵母菌
発酵シロップ 55 酵母菌
どぶろく 59 麹菌 酵母菌 乳酸菌

アンチエイジング編 62

ザワークラウト 62 乳酸菌
柿酢 74 酢酸菌
納豆 82 納豆菌

さらなる免疫力アップ編 89

泡菜 89 乳酸菌
塩麹・麹たれ 93 麹菌
塩水肉 101

# ヨーグルト



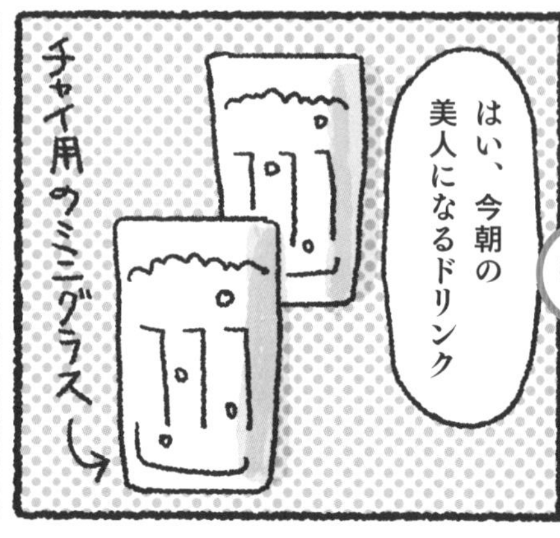

※1ハトムギ甘酒→ P38 参照　※2発酵シロップ→ P55 参照

今回はその中から好きなものを買って自分で増やす方法を紹介しようかと思ってんの

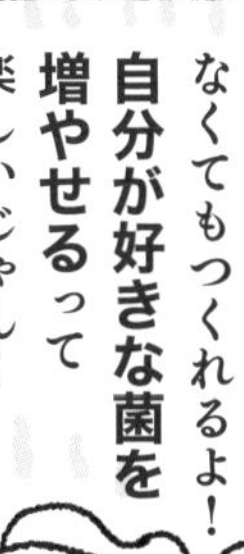

# ヨーグルトをつくろう

**つくり方**

**① 牛乳を殺菌する**

牛乳を鍋に入れて中火にかけ、混ぜながらゆっくり加熱し、沸騰直前までゆっくり加熱して火を消す。

**② ヨーグルトをいれる**

牛乳を40～45℃まで冷まして
容器に入れ、清潔なスプーンで
プレーンヨーグルトを入れてよく混ぜ、
フタをする。

**③ 発酵させる**

直射日光があたらない、部屋のすずしい場所に置いて発酵させる。

**④ 完成**

12～24時間くらいで固まる。
固まったら冷蔵庫にいれて冷やし
1週間以内に食べきる。

**材　料**

牛乳…500ml
プレーンヨーグルト…大さじ3

乳酸菌

ここで保温ポットなどに
入れて保温すると
一晩で完成します

容器はガラス瓶や
琺瑯など、雑菌が
付きづらいものがいい

# カスピ海ヨーグルトをつくろう

## カスピ海ヨーグルトのつくり方

①開封していない
牛乳パック（1ℓ）を
冷蔵庫から出して
室温にもどし
カスピ海ヨーグルトの種菌か
市販のカスピ海ヨーグルトを
大さじ3いれてよく混ぜる。

②パックの口を
洗濯バサミや
クリップなどで閉じ
直射日光があたらない、
部屋のすずしい場所に
置いておく。

③6～24時間くらいで
固まるので
固まったら冷蔵庫で
保存する。



※種菌の使い方は説明書に従ってください

ちなみに牛乳をヨーグルトにすると何で固まるの？

牛乳に入っているタンパク質は酸っぱいものが入ると固まる性質があるのよ
タンパク質
モロモロ
ミルクティーにレモン搾ったらモロモロになったことない？

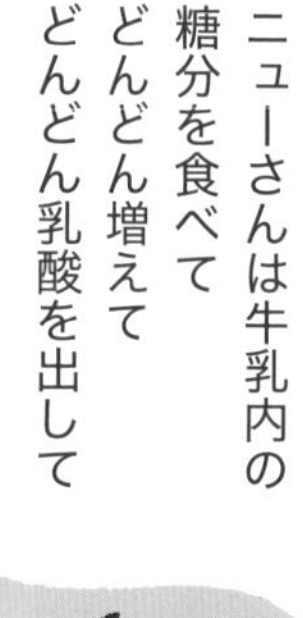
ニューさんは牛乳内の糖分を食べてどんどん増えてどんどん乳酸を出して

おいし――
幸せ――
身体が増えちゃう――
糖
糖
糖
糖
牛乳風呂♥

乳酸
乳酸
乳酸
乳酸
乳酸

乳酸

その乳酸で牛乳が固まってとろりとしたヨーグルトになるのよ
とろ――り

この酸味は乳酸の味？
そう身体が喜ぶ酸味だからおいしく感じるでしょ～♪
ぱくっ

牛乳がヨーグルトになるといいことがたくさん増えます！

体内に入ったニューさんは腸内の善玉菌として**体内の悪いモノと一緒に体外へ**出て行っちゃいますよ♪

骨や歯をつくったり
**イライラを抑えてくれるカルシウムが増える！**

心臓や筋肉機能の調整をして、血圧を下げる効果がある**カリウムが増える！**
**タンパク質も体内に吸収されやすくなる！**

失敗の原因として

牛乳を殺菌してないまたは使いかけの**古い牛乳**を使った

容器に雑菌がついていた

オレはどこにでもいるぜ!!

元のヨーグルトに砂糖などが入っていると固まらないこともある

バイキンくんが入り込み、ネバネバして変な匂いがすることがある。そんな時は食べずに捨てる。

みんながアナタのように異常に丈夫な胃袋を持ってたらいいのにね

ヤバイ匂いのものとか全然平気よね、

乳酸菌いらんやろ

実録！デザイナーSの
失敗と発見
デザイナーSは発酵食品大好き
←ヨーグルトメーカー
しばらく休んでいたヨーグルトづくりを再開したところ
なぜかいつものとはちがう味に…
?
つるつるして粘ってる？香りもうすい？
不審に思いつつも気にせず食べてさらに培養したら
謎の菌が大量発生!!
どぅるん どぅるん
どぅるんどぅるんのヨーグルトにっ！
このマンガを読んで敗因を発見！
使いかけの古い牛乳を使ったからだ……
MILK
ニヤリ
古い牛乳には謎の菌が混入してる可能性アリ！
ヨーグルトにすると謎の菌が増えることがあるから新しい牛乳を使ってね！

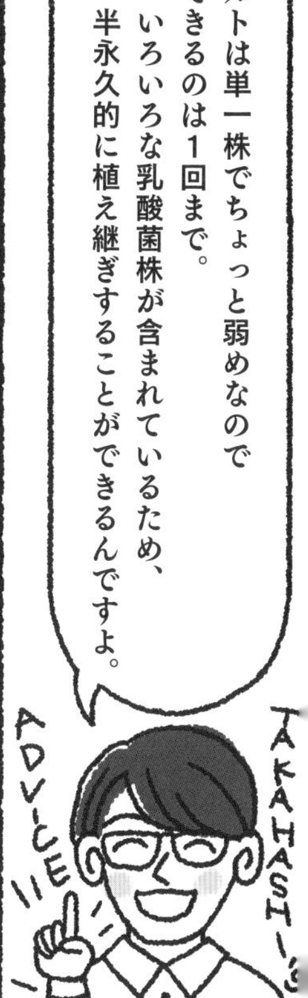
市販のヨーグルトは単一株でちょっと弱めなのでスターターにできるのは1回まで。天然のものは、いろいろな乳酸菌株が含まれているため、雑菌にも強く、半永久的に植え継ぎすることができるんですよ。
ADVICE
TAKAHASHI'S

## おからのポテサラ風

**材　料**（2人分）
おから…100g
ハム…2～3枚（50gくらい）
きゅうり…1本
塩麹…大さじ1
A.ヨーグルト…大さじ3
　マヨネーズ…大さじ2
　オリーブ油…小さじ2

**つくり方**

①おからは耐熱の皿に広げて電子レンジ（600w）で2分加熱してあら熱をとっておく。きゅうりは縞模様に皮をむいてうす切りにし、塩麹（または塩少々）をまぶし、ハムは食べやすい大きさに切っておく。

②ボウルにAを入れてよく混ぜ、ハムときゅうりを汁ごと入れ、おからを入れて混ぜ合わせる。

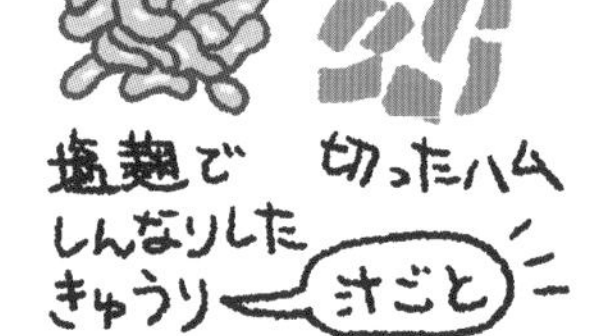


## 切り干し大根とカニカマのヨーグルト和え

**材　料**（2人分）
切り干し大根…20g
カニ風味かまぼこ…6本
A.ヨーグルト…130g
　塩麹…大さじ1
　粒マスタード…小さじ2
すりごま…大さじ1

**つくり方**

①切り干し大根はさっと洗ったあと、Aと混ぜて一晩おいてやわらかくし、食べやすい大きさに切る。カニカマは裂いておく。

②①にすりごまと裂いたカニカマを入れ和える。

## ヨーグルトディップ２種類

**たらこディップの材料**
水切りヨーグルト…100g
たらこ…1/2腹（40 ～ 50g）
塩…少々

**つくり方**
①たらこのうす皮を取ってほぐし、
すべての材料を混ぜる。

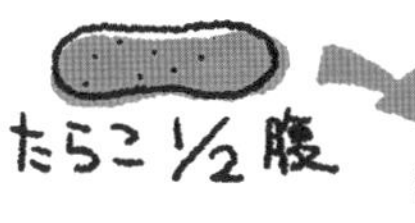

**レーズンナッツディップの材料**
水切りヨーグルト…100g
レーズン…40g
ナッツ（クルミ、アーモンドなど）…40g
塩…少々（ナッツの塩分があるので、なくてもいい）

**つくり方**
①ナッツ類はフライパンなどで乾煎りし、包丁で粗くきざむ。
②すべての材料をよく混ぜる。

※ヨーグルト 200g を水切りすると、だいたい 100g になります。

**水切りヨーグルトのつくり方**
コーヒーフィルターをドリッパーに置いて、数時間～一晩おいて水気をきる。
またはザル付きの密閉容器にキッチンペーパーをしいて、数時間～一晩おいて水気をきる。
たまった水分（ホエイ）も乳酸菌たっぷりなので、スープなどに使ってね。

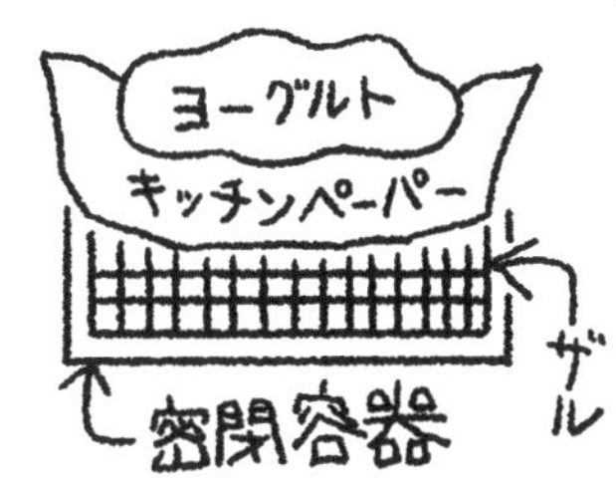

# 甘酒

麹菌

発酵食品の中で一番効果が高いものってなんですか？
効率良く摂取したい♪
うーん…女子はやっぱり甘酒だよね
え！でも甘酒って手づくりじゃないとダメなんでしょ？
市販のものでも飲まないよりかは飲んだ方がいいかな
言えないけど…
高そう…

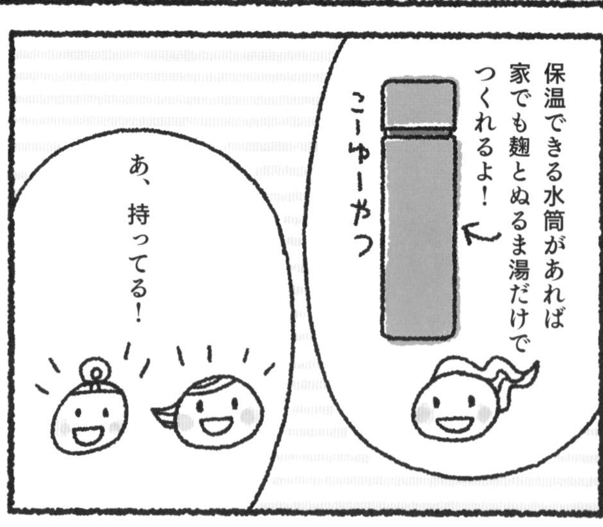
保温できる水筒があれば家でも麹とぬるま湯だけでつくれるよ！
こーゆーやつ
あ、持ってる！

でも甘酒って何がそんなにいいんですか？
?

麹菌

甘酒には美容のために行う
点滴とほぼ同じ成分
ブドウ糖、
必須アミノ酸、
ビタミン類なんかが
入ってるのよ
美容点滴
えっ

しかもビタミンの
吸収率が
90％以上なのよ
90%
えええー
さらにこんなに
いいことが
たくさんあるよ！
次のページを
見てみて!!
私の若い頃の
セクシー画像を
貼りつけて
おくよ♡
別人
ですから！
女子には
必須……
すぐ
つくり
ます

# 甘酒美人をめざそう！



アミノ酸は**細胞**や**ホルモン**
などを形成します。中でも重要な
**必須アミノ酸**は体内で
合成することができません！

朝にブドウ糖をとると
脳が活性化して、
やる気や集中力が増す。
**ブドウ糖がたっぷり**
含まれる甘酒は朝食に最適！

**腸内環境を整える**
ために必要な、麹由来の
食物繊維やオリゴ糖が
豊富！
**便秘**や**肌荒れ**の
**改善**につながる！

ビタミンB1、B2、
B6、B7、パントテン酸など、
健康維持に必要不可欠な
**ビタミン群**が
**多量**に含まれている、
総合ビタミン
ドリンク剤！

# 甘酒をつくろう

## つくり方

**① 容器を温める**
保温性の高い水筒（360～500ml）に熱湯（分量外）を注ぎ中を温めておく。

**② 麹をいれる**
麹は塊なら手でほぐし、①の水筒のお湯を捨て麹をいれる。

**③ お湯を入れて保温する**
60℃のお湯を入れ一晩（10～12時間）置いてできあがり。

**材　料**
米麹…100g（※）
60℃のお湯…250ml

温度設定ができる電子レンジがあれば簡単！ なければ、やかんや鍋で沸騰しているお湯に同量の水を入れて火を止めると60℃くらいになります。

## 他のつくり方

炊飯器の内釜に入れてふきんをかぶせ、箸などを置いてフタを閉めきらないようにし、保温にセットして8時間置いておく。

or

密閉容器などに米麹とお湯を入れ、バスタオルでくるんでコタツなどに入れておく。

好みの甘さになるように牛乳、豆乳、トマトジュースなど好きな飲み物で割って飲んでね

※米麹には長期保存できる「乾燥麹」と、水分の含まれている「生麹」がありますが、本書のレシピは、どちらの麹でも作れます。乾燥麹の場合の100gは、カップ（200ml）で1と1/2弱くらいです

**ハトムギ**は
ヨクイニンとも
呼ばれている漢方薬。
イボ取りが有名だけど
**シミ**とか**婦人病**にも
効果あり！

## ハトムギ甘酒

**材　料**（つくりやすい分量）
米麹…100g
ハトムギ…50ml
水…500ml

**つくり方**

①ハトムギをさっと洗い、水と共に鍋に入れてゆでる。圧力鍋なら圧力がかかってから弱火で 10 分くらいゆでてそのまま冷ます。普通の鍋なら数時間浸水させたあと、柔らかくなるまで 30〜40 分煮る。炊飯器の玄米モードで炊いてもいい。

② 1 が 60℃以下に冷めたら米麹をいれる。米麹がふっくらと柔らかくなったらミキサーで撹拌する（そのままでもいいが、ハトムギは粒が大きくて飲みづらい）。

③甘酒と同じ要領で 8 時間保温したら完成。容器に入れてフタをゆるく閉め、冷蔵庫で保存する。2 回目につくる場合はここで前回つくった残りのハトムギ甘酒を加えたら、常温に置いておくだけで発酵してくる（保存は冷蔵庫で）。

※発酵が進むと分離します。最初はもったりと甘いですが、時間が経つとヨーグルトのような酸味がでます
※ハトムギはインターネットや、健康食品を扱うお店や漢方薬局で「ヨクイニン」という名前で手にはいります

奄美大島や沖縄がルーツの伝統的な飲み物で昔は家庭でもつくっていた

甘酸っぱくてトロリとした「飲むお粥」みたいな**乳酸菌発酵飲料**なの

奄美大島

沖縄

奄美や沖縄では市販のものがたくさん売られてるんだって！

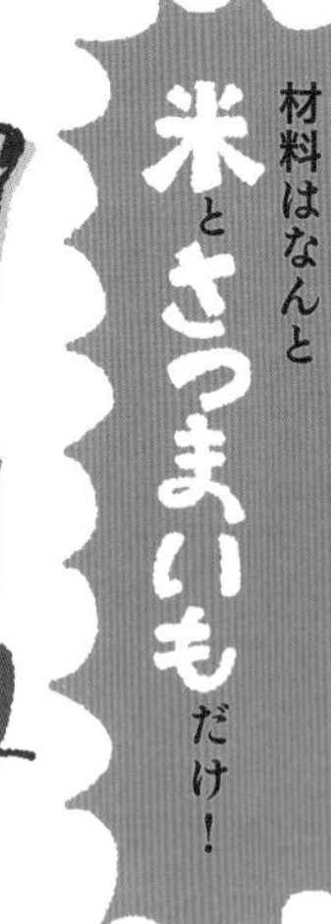


え———!

※ここでは奄美大島風のミキをつくります

# ミキをつくろう

**材　料**
米…2 合（300g）
さつまいも…1/2 本（80g）
水…700ml+300ml

**つくり方（米）**

**① おかゆを炊く**
米を研ぎ、700ml の水と一緒に
炊飯器（または鍋）に入れて
1 時間浸水させ、おかゆを炊く。

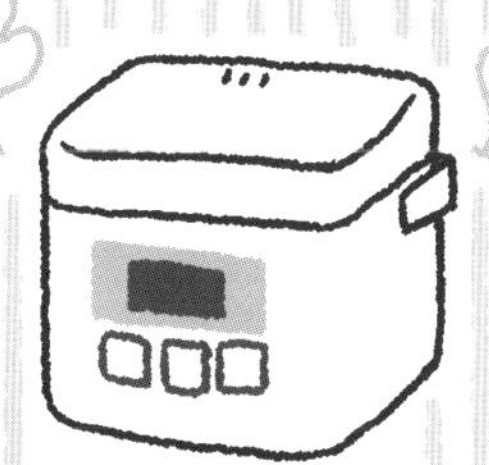

**② おかゆを冷ます**
おかゆが炊きあがったら
300ml の水を加えてよく混ぜ
60℃くらいに冷ます。

**つくり方（さつまいも）**

**① さつまいものアクを抜く**
さつまいも（※）は水に漬けておく
（皮はむいてもむかなくてもいい）。

**② さつまいもをすりおろす**
おかゆが炊きあがる直前に
すりおろす。

合体！

**③ おかゆとさつまいもを混ぜる**
おかゆにさつまいもを入れて混ぜる。
最初は重たく混ぜづらいが、
途中でふっと軽くなって
混ぜやすくなる。
そのままフタをして、常温で半日～ 1 日置く。

次ページに
つづく

※すりおろすので、少し分量より多めに漬けておいてください。余ったらお味噌汁などに入れて！

**④ ペットボトルに移す**

トロトロになっているのを確認し、
炭酸飲料用（※）の
ペットボトルなどの
清潔な容器に移し
（7～8分目くらいまで)、
フタをゆるめにしめておく。

ミキサーやハンドブレンダーで
撹拌するととろりとして
飲みやすくなります

漏斗で入れづらい時は
箸などでつつきながら
いれると入れやすいです

**⑤ 発酵したら冷蔵庫へ**

1日1回、軽くふり混ぜながら
常温で2～3日置いて
表面や側面に小さい泡が出ていたら
味見をし、酸味が出てきていたら
完成！

ペットボトルを開ける時に
「プシュッ」と音がする
場合があります。

保存は冷蔵庫で！
時間が経つほど
酸味が増して
くるので
おいしいうちに
飲んでください。

ほんのりと甘酸っぱい味ですが
甘みが欲しい時や
酸っぱくなりすぎた時は
砂糖やハチミツなどを加えると
飲みやすいです
炭酸水を加えてもおいしいですよ

※炭酸が発生するので、炭酸飲料用のペットボトルがおすすめです

さつまいものコージくんたち

糖

その時にトロトロ（加水分解）
させるみたいなの

ぼくらはトロトロした糖に分解するの

なるほどね
こうして見ると
乳酸菌って
どこにでもいるね
節操がないって
言うか…
ガーン
ヒドイ!!
こらーー
乳酸菌さまが
私たちに
どれだけ
すばらしい
ことをして
くれているのか
今まで
さんざん
言ってるのに!!
すいません…
立場が悪くなると
話題を変える作戦
でもミキって
飲むだけ?
ミキは飲むだけじゃなくて
味噌やマヨネーズと混ぜて
ドレッシングにしたり
漬物にしたり
ヨーグルトも
できるんだよ!
じゃあミキチューも
おいしいかもよ!
ミキ＋甲類焼酎＋炭酸
ミキチュー
えーー
全部酒かよ!!
さわやかな味で
おいしかったです!

乳酸菌

# ミキいろいろ

不思議な飲み物【ミキ】のこといろいろ

ミキという名前の由来は「御神酒(おみき)」。
「ノロ」と呼ばれる
神と人をつなぐ女性たちが
豊穣の神の祭祀の際に
つくってみんなで飲んでいたそう。
ミキの原型は
口噛み酒だといわれています。

※イラストはイメージです

奄美大島のミキと
沖縄のミキは
原料が違うらしい。

米粉

さつまいもの汁だけ

おかゆではなく
上新粉や米粉を使ったり
麦芽を入れたり
さつまいもは汁だけを使うなど
色々なつくり方がある。

あっ

**乳酸菌たっぷり**
で腸内環境も整う！
ただし飲みすぎると
お腹をこわす可能性あり！！！

**栄養価が高く**
**消化しやすいので**
赤ちゃんの離乳食にもなるし
お年寄りにも愛されている。
食欲がない時のごはん
代わりにも！

## ミキヨーグルト

**材　料**（つくりやすい分量）
ミキ…大さじ１
豆乳…200ml

**つくり方**
①材料をよく混ぜてフタをし
　常温で半日〜１日置いておく。

②固まったら冷蔵庫で保存する。

カンタンよ！

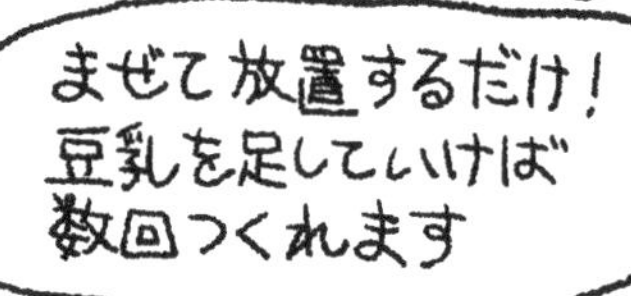


撹拌してない
ミキは下に粒が
たまります

※発酵しすぎて分離することがありますが、問題ありません。
　茶こしなどで濾して、水切りヨーグルトにするといいですよ

## ミキ浅漬け

**材　料**（つくりやすい分量）
きゅうり…１本（約 100g）
A. ミキ…100ml
　塩…小さじ１（6g）

**つくり方**
①Ａをよく混ぜておく。
　きゅうりは縞模様に皮をむき一口大に切る。

②ビニール袋やジッパー付き保存袋に①を入れ、空気が入らないように口を閉じ、冷蔵庫に一晩〜３日置く。

乳酸菌

## ミキゆで卵

**材　料**（ゆで４個分）
好みのかたさにゆでたゆで卵…４個
A. ミキ…100ml
　塩…小さじ１（6g）

**つくり方**
① A をよく混ぜておく。
　ゆで卵の殻をむく。

②ビニール袋やジッパー付き保存袋に１を入れ、空気がはいらないように口を閉じ、冷蔵庫に一晩〜一週間の間で食べる。

## ミキ豆腐

**材　料**（つくりやすい分量）
もめん豆腐…１丁
A. ミキ…50ml
　塩…小さじ１（6g）

**つくり方**
① A をよく混ぜておく。
　豆腐はしっかりと水気をきっておく。

②ビニール袋やジッパー付き保存袋に１を入れ、空気がはいらないように口を閉じ、冷蔵庫に一晩置く。

# りんごソーダ

今日はりんごジュースと
酵母菌でりんごソーダをつくるよ
Apple
JUICE
ドライイースト

ピーン
酵母菌？

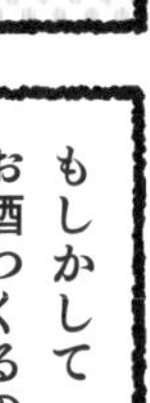
酵母菌

もしかして
お酒つくるの？
アナタは
なんでこんな
時だけそんなに
勘がいいの？

確かに酵母菌は
甘い飲み物を炭酸と
アルコールに変えるから
お酒がつくれるけど
アルコール
炭酸
糖
糖
糖
酵母菌のコボちゃんでーす！
日本では
1%以上のお酒をつくるには
アルコール度数が
特別な免許が必要だから
ここでは1%以下の
ジュースにするよ
一般人の
酒づくりは
NGです！
NO!

※フランスではシードル（cidre）、スペインではシードラ（sidra）、イギリスではサイダー（cider）、アメリカではハードサイダー（hard cider）と言います

りんごジュースがりんごソーダになると**いいことがたくさん増えます！**

**美肌にいい**
マグネシウムや
亜鉛が増える！

コボちゃんは身体の中で
色んな栄養分をつくります。
酵素もたくさんつくりますから
ジュースとして飲むより断然お得!?

お腹がゆるくなったり
顔に吹き出物が出たり
することがありますので
**飲みすぎないように**
しましょう

# りんごソーダをつくろう

**材　料**
果汁100%のりんごジュース…500ml
ドライイースト（※）…0.3～1g

**つくり方**

**① 材料をまぜる**
りんごジュースとドライイースト
をペットボトルに入れてフタをし、
振り混ぜて常温に置いておく。

漏斗を使うと
便利！

炭酸が発生するので
炭酸用のペットボトルが
オススメです

**② 冷蔵庫で保存**
数時間で泡が発生してくる。
フタを開けて、軽く「シュワッ」
と音がしたら、冷蔵庫で保存し、
早めに飲む。

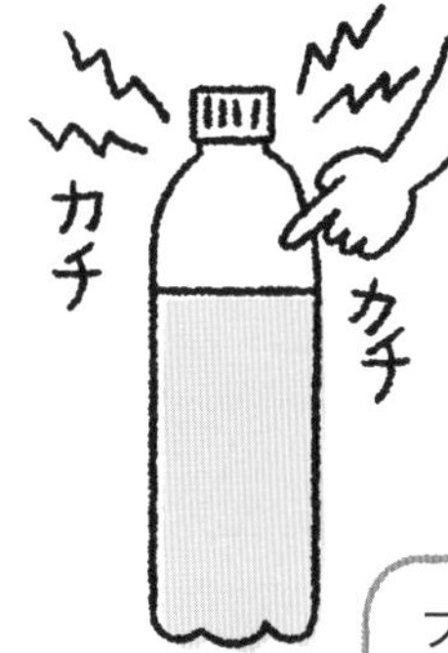


もしペットボトルを
触ってみて
カチカチにかたく
なっていたら

フタを少～しずつ回して
ガスを抜きながら
あけてね

一気にあけると
中身がふきだすよ！

※ドライイースト＝乾燥させた酵母菌です。
　パン用のドライイーストで大丈夫です

※糖度が2％減ったくらいがアルコール度数1％です。糖度計があれば使いましょう

酵母菌

次につくる時は少し残ったりんごソーダにりんごジュースを足すだけで発酵するよ
コボちゃんが残ってる
ドライイーストの代わりに新鮮なりんごの皮を入れてもOK！
りんごの皮にコボちゃんがいる
これってりんごジュースじゃないとダメなの？
ぶどうとかみかんとかは？
甘い飲み物だったら大体なんでも発酵するよ
たとえば…
ぶどうジュースやみかんジュースなど
JUICE
JUICE
好きな味のジュース＋ヨーグルト
yogurt
甘い紅茶
冷ましてからドライイーストをいれてね
乳酸飲料
甘酒
甘
酒

※1 フランスのノルマンディ地方でつくられた
アップルブランデーだけをカルバドスと言います

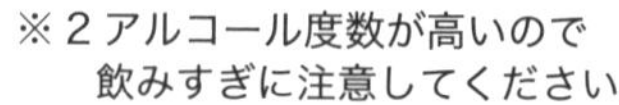
※2 アルコール度数が高いので
飲みすぎに注意してください

# 発酵シロップ

※あまり発酵しない場合は、ほんの少しドライイーストを加えてください

# 発酵シロップをつくろう

## つくり方

**① 果物を切って砂糖の準備をする**

果物を一口大に切る。
切ったものの重さを計り
1.1 倍の量の砂糖を用意する。

**② 容器にいれる**

口が広い、清潔な容器に
砂糖→果物→砂糖→果物と、へらなどで
押しながら順にいれ、最後は砂糖で
終わらせる。
布やキッチンペーパーなどで
口を覆って輪ゴム
で止めておく。

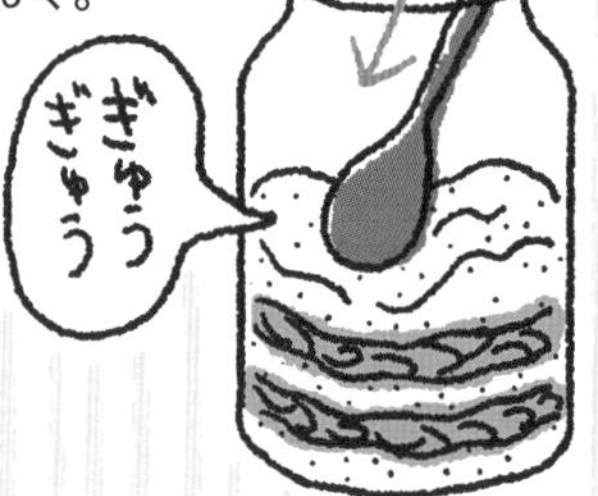


**③ 時々混ぜる**

時々へらなどでまぜ、
1～2 週間して砂糖が
溶けて果物がくたくたに
なっていれば完成。(※)
目の粗いザルで濾す。
濾した液は清潔な瓶などに
入れて冷蔵庫に保存。

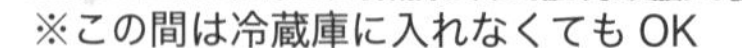
※この間は冷蔵庫に入れなくても OK

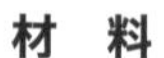
**材　料**

果物…適量
白砂糖…果物の重さの 1.1 倍

濾したあとのものをジャムなど
に使いたい場合はここで
種や皮などを
取り除いておく

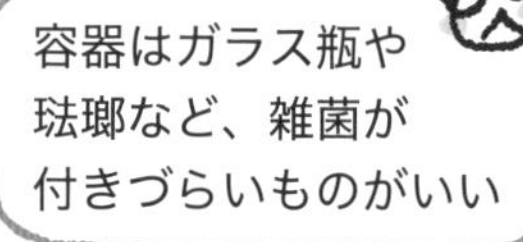
容器はガラス瓶や
琺瑯など、雑菌が
付きづらいものがいい

P77の柿酢の濾し方を参照

冷蔵庫内でも
発酵は進むので
七分目くらい
まで入れて
フタはゆるく
締めておく。

※途中で不快な臭いがしたり、カビが生えたりしたら、飲まずに捨てること

残ったものは包丁や
フードプロセッサーで細かくし
ジャムにしたり、ヨーグルトと混ぜたり
味噌とマヨネーズと混ぜて
ディップにしたり、
また水を足し
ミキサーで粉砕して
植物繊維たっぷりの
ジュースとして
飲んでもいい。

発酵シロップは水や炭酸水で
4～5倍に薄めて飲んだり
ヨーグルトなど
と混ぜる（※）

SODA

酵母菌

発酵シロップおすすめ果物

**梅**
梅の主成分である**クエン酸**には
**疲労回復**や**殺菌作用**が
あります。また抗酸化ビタミンと
呼ばれるビタミンEや、
**高血圧を予防**するカリウムも
含まれています！

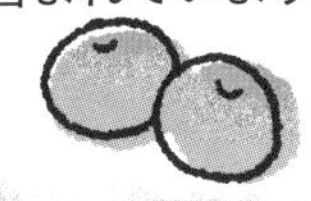
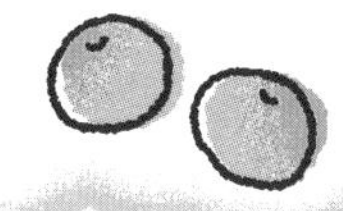

**酸っぱかったり味が悪い果物**
そのままだと食べづらいけど
発酵シロップにすると
おいしくなる！

すっぱ!!

**生姜**
生の生姜に含まれる
ジンゲロールには
**殺菌作用**や**血流を**
**良く**したり
**免疫力アップ**の
効果が！

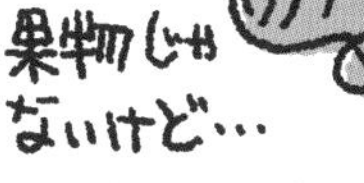


**赤じそ＋グレープフルーツ**
**アレルギー症状**の**緩和作用**が
期待される赤じそと、
**ビタミンC**たっぷりの
グレープフルーツ（※）を合わせると、
風味も良くなり、きれいな赤色になります。

※薬を服用している方は医師にご相談ください

※1日60ml（原液）までにすること

ゆずを丸ごと使ってみよう！

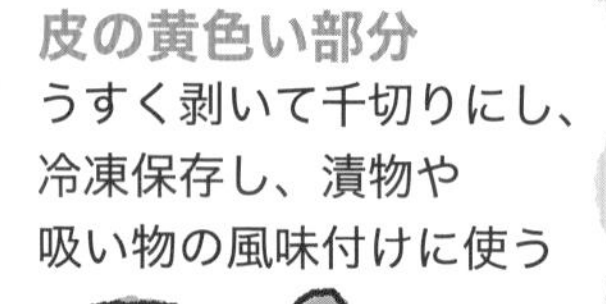

**皮の黄色い部分**
うすく剥いて千切りにし、
冷凍保存し、漬物や
吸い物の風味付けに使う

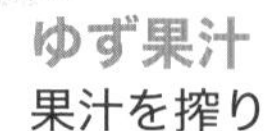

**ゆず果汁**
果汁を搾り
醤油1：濃縮だし醤油1：ゆず果汁2
でポン酢にする

水炊きに便利!!

**残った白いわたや房など**
発酵シロップにする！
ゆずのわたに含まれる**ヘスペリジン**
は血管を強くし、関節の痛みを抑え、
免疫系の暴走を抑え、
**善玉菌**を増やす！

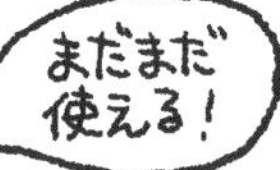


入浴剤として風呂に浮かべてもよし！

**ゆず種**
ゆず種化粧水にする
(P73参照)

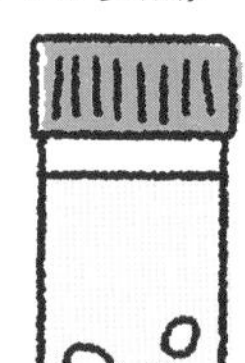

35℃のホワイトリカーに漬けておく！

# どぶろく

どぶろくって家でつくれるの?
うまいねえ
うまいよねえ
家でつくるのは違法だけどつくり方は簡単だよ
↑市販のどぶろくを飲んでいます
麹菌、乳酸菌、酵母菌がひとつの瓶の中でそれぞれの活動をしてるの
飲みたいよー
近づけないー
ニューさん（乳酸菌）
コージさんがつくった糖を食べて乳酸を出す。乳酸がきらいなバイキンは近づけない
コージさん（麹菌）
コージさんが持ってるコーソくんたちが米のデンプンを糖に変える
乳酸
糖
炭酸
アルコール
コボちゃん（酵母菌）
コージさんがつくった糖を食べてアルコールと炭酸を出す
これは並行複発酵っていう日本独自の発酵法なの
日本酒もいっしょよ

# どぶろくをつくろう

麹菌

乳酸菌

酵母菌

## つくり方

**① 米を炊飯する**

米３合を研ぎ
２合分の水で炊飯する。

**② 材料を容器にいれる**

清潔な容器に
①のごはん、水、米麹、
プレーンヨーグルト、
ドライイーストを
入れてよく混ぜ
布やキッチンペーパー
などで口を覆って
輪ゴムでとめて常温に置く。

**③ 容器に入れて保存**

瓶の中が分離してきたら
味見をしておいしいと
感じたら（２～７日）
炭酸用のペットボトルに
入れ（※）冷蔵庫で
保存する

発泡に強いから安心！

ゆっくりあける

※ペットボトルのフタをあける時は、
吹き出さないように注意する

## 材　料

米…３合　水…1000ml
米麹…200g
プレーンヨーグルト…大さじ１
ドライイースト…5g

容器はガラス瓶や
琺瑯など、雑菌が
付きづらいものがいい

オレはキライだ!!

冷蔵庫内でも
発酵は進むので
七分目くらい
まで入れて
**フタはゆるく**
**閉めておく。**

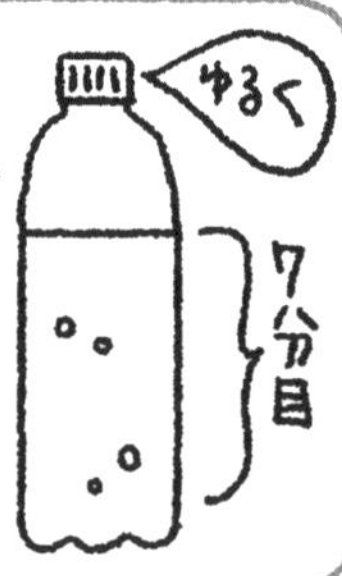

ザルか、77ページの柿酢を濾す要領で酒粕を濾す

ミキサーで粉砕するとトロリとした食感になる

そのまま飲んでおいしい

※途中で不快な匂いがしたり、カビが生えたりしたら、飲まずに捨てること

麹菌
乳酸菌
酵母菌

濾したあとの酒粕の活用法

**パン種**として使う

**味噌**に１～３割ほど
混ぜて使う（※）

※アルコールに注意！

二回目につくる時は
ヨーグルトとドライイースト
の代わりになる

もう使いません♪

自家製酒粕 200g に
塩 30g を混ぜて
一晩置いて
**塩酒粕**
をつくる

塩麹（P96）と同じように
肉や魚を漬けて使えます。
でもアルコール分を含むので
生で食べるときは注意してください！

※国内にて、家庭で自家消費する場合でも、無免許でお酒を製造した場合、
酒税法により処罰されますので注意してください

# ザワークラウト

※ときどき冷蔵庫の上に保管した発酵食品を眺めていますが、冬はあまりぷくぷくしません。

その二は乳酸菌の酸味がおいしくて身体が喜ぶ感じがするから
ふつうそれが先でしょ…
その三はアメリカの発酵カルチャーのリーダーである
SANDOR ELLIX KATZ
サンダー・キャッツさんのワークショップでつくり方を教えてもらったから
一緒に旅行も行ったよ!!
それ逆にハードル高いんじゃないの？
大丈夫!!
ぐっ
瓶でも作れるけどジッパー付き保存袋でも作れるから！
せっかく手づくりするなら1日目から少しずつ味見をして好みの酸味を見つけてみてください！
1週間くらい経って酸っぱくなったのがおいしいけど酸っぱくなりかけのザワークラウトもおいしいんですよ！
1～2日目の酸っぱくなりかけのザワークラウトも好き♡

# ジッパー付き保存袋でザワークラウトをつくろう

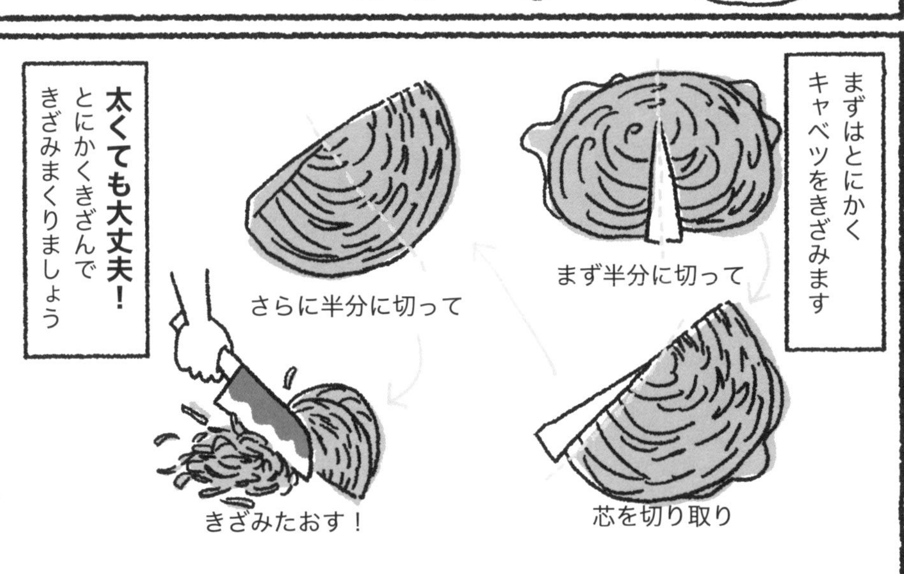

乳酸菌

キャベツ内では ①

塩による浸透圧と
手の圧力により
水分が外に出て
キャベツがしんなりする

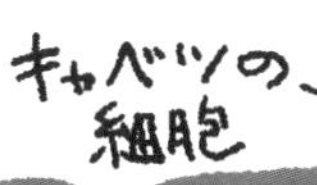


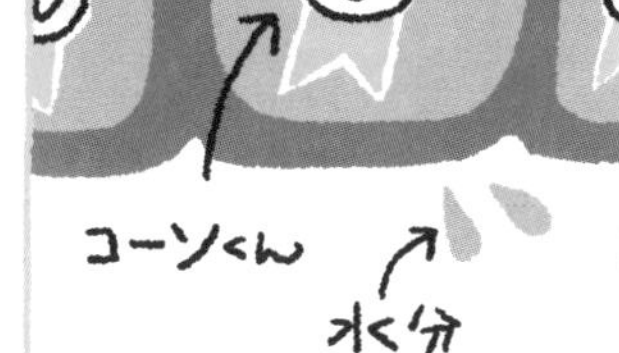


一晩置くと、キャベツの
細胞の中にいた**酵素**が
キャベツの**細胞**を
**分解**していく。

キャベツの青臭さを
消して漬物っぽい
風味になる。←一夜漬け

←保存瓶でつくる場合は次ページで紹介してます

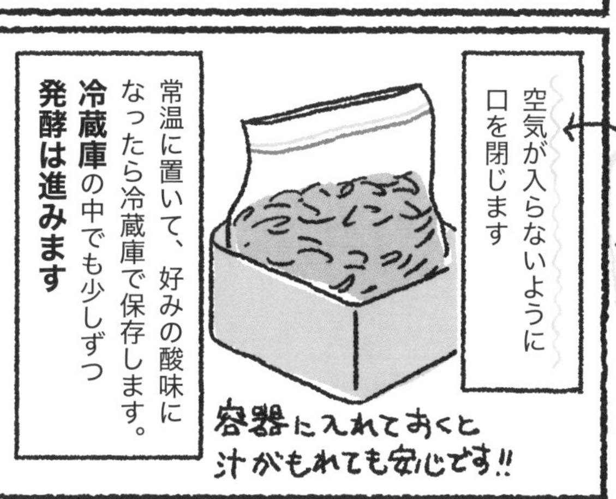

# 保存瓶でザワークラウトをつくろう

キャベツ内では ②

乳酸菌のニューさんが
キャベツの糖分を食べて
乳酸をどんどん出し
酸っぱくしていきます

空気中

キライ～

うへへへ

ニューさんは
**空気があんまり好きじゃないので**
いつもキャベツの
汁に浸かるようにして
空気にふれないように
してあげてください

好みでスパイスやハーブを入れても楽しいです

紫キャベツでつくると色がきれいだし（※）、人参やピーマンや玉ねぎを混ぜ込んでもOK！

自由に楽しんでみて!!

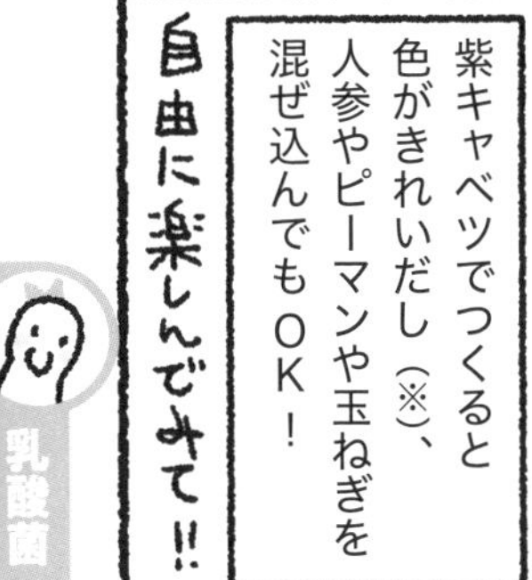

密封ガラス瓶の場合
金具をはずして、フタは
置いておくだけで大丈夫です。

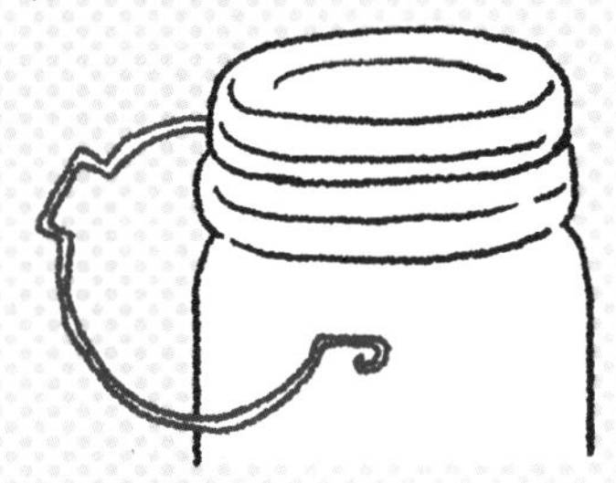

プラスティックのフタに
シリコーンゴムがついている
ようなタイプはそのままで
大丈夫ですが、たまにガスで
フタが上がってきます。

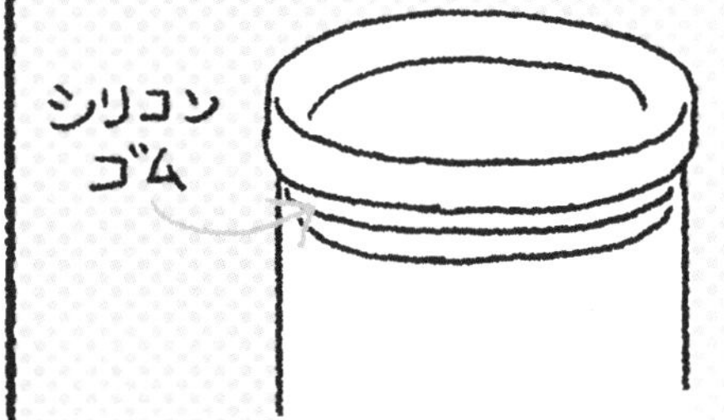


スクリューキャップの場合はフタを
ゆるめに閉めておいてください。
開けたらプシュッとすることがあります。

味見をしたあとは
きちんとキャベツの外葉で
フタをしましょう

キャベツがいつも
水分に漬かっていて
空気にふれないように
すること!!

水分が少ないキャベツの場合は
塩分 2%の塩水を足してください
（100ml の水に小さじ 1/3 の塩）。

私もおいしい風味を
出しているんですよ～♥

キャベツについてた酵母菌の
コボちゃんも、キャベツの糖分を
食べて微量の炭酸ガスを出すので
時々フタを開けてガスを逃がしてね。

※抗酸化作用が強いアントシアニンも豊富です♪

# ザワークラウトを食べよう

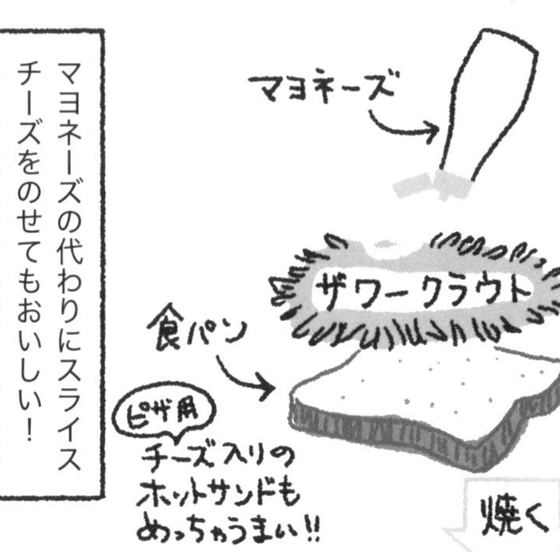


マヨネーズの代わりにスライス
チーズをのせてもおいしい！

フライパンで焼くか
ボイルして
ザワークラウトと
粒マスタードを添えたら
ビールのつまみに！

## 王道の食べかた!!

ソーセージと
根菜と一緒に
ハーブで煮込めば
ワインのつまみに！

もともとキャベツは食物繊維も豊富でビタミンを多く含んでいて

その中でもキャベジン（ビタミンU）は、荒れた胃の粘膜組織や腸壁を回復させますそんな素敵なキャベツを発酵させると…

**腎機能を改善して**
**アンチエイジング**
**効果**も期待できる！

肌に必要な
ビタミンCに加え
ビタミンB群が
中性脂肪を
コントロールして
くれるので
エネルギー代謝が上がり
**痩せやすい体質に**
**近づく！**

**免疫細胞である**
**ナチュラルキラー細胞を**
**増やす**効果もある

**アルコール**
**分解酵素**もある！

**ザワークラウト**
**すごいじゃん!!**
知らんで 食べてたけど

ほら、キャベツを塩で発酵させるだけでこんなにいろんな効能があるとかめっちゃすごくて安上がりでしょ！
うーん たしかにね～
目がコワイよ
アナタが毎晩酒ばっか飲んでんのに元気なのはザワークラウトのおかげかもね
アンタも一緒やろ!!
乳酸菌
じゃあさっそくザワークラウトをつまみに飲むか！
ウキウキ
あっ！
まって!!
なに!?
ドキィ!!
次につくる時は今回つくったザワークラウトを少し加えると早く発酵するので食べきってしまわないようにね
びっくりするからやめてー
ドキドキ

実録！デザイナーSの失敗と発見
デザイナーSは発酵食品大好き
わあい♪
さっそくザワークラウトづくりに挑戦するも…
なんで〜〜
なぜかキャベツなのにぞうきん臭がっ
試行錯誤の末独自の方法を発見！
キャベツの表面にぴったりラップする
The S-style!
水分たっぷり
このマンガを読んで自分が正しかったことに気付く！
やっぱり空気にふれないのが大事なんだ!!
ヒヒヒ オレはどこでもいるぜ!!
空気にふれると乳酸バリアが効きにくくなるの〜
ヘンタイ!!

**ゆず種化粧水のつくり方**

**材料**

ゆず種…大さじ２～３くらい

アルコール度数 35%のホワイトリカー…200ml

精製水／グリセリン（保湿剤）…適量

**つくり方**

①保存容器にホワイトリカーを入れゆず種を漬け、時々振る。１週間くらいしてとろみが出てきたらザルで濾し、**冷蔵庫で保存（3ヶ月くらい）**する。種は２～３回使える。

②**精製水で２～３倍**に薄め、好みでグリセリンを少量加える。

# 柿酢

※柿には酵母菌がたくさんついています

炭酸ガスと
アルコールを
出すのよ
炭酸
ガス
アルコール
え！

お酒になるの？
飲んじゃ
だめよ！


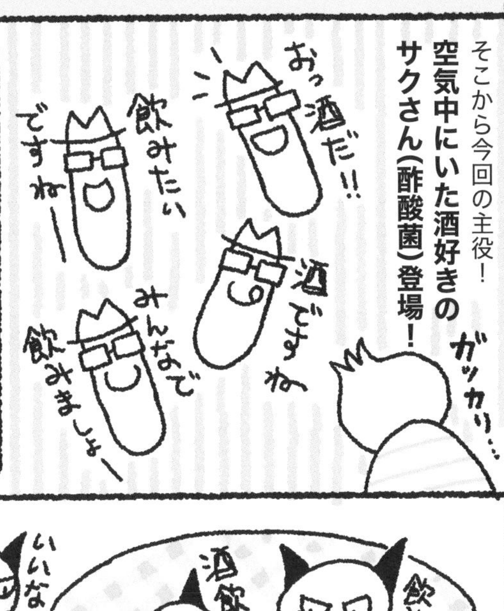

そこから今回の主役！
空気中にいた酒好きの
サクさん（酢酸菌）登場！
おっ酒だ!!
飲みたい
ですね――
酒ですね
みんなで
飲みましょ――
ガッカリ…


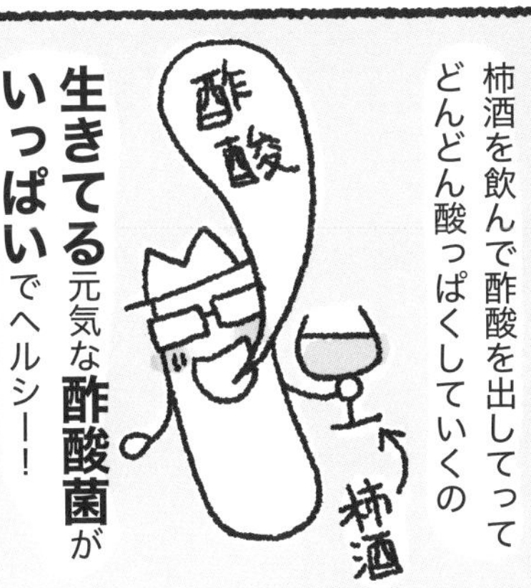

柿酒を飲んで酢酸を出してって
どんどん酸っぱくしていくの
酢酸
柿酒
生きてる元気な酢酸菌が
いっぱいでヘルシー！


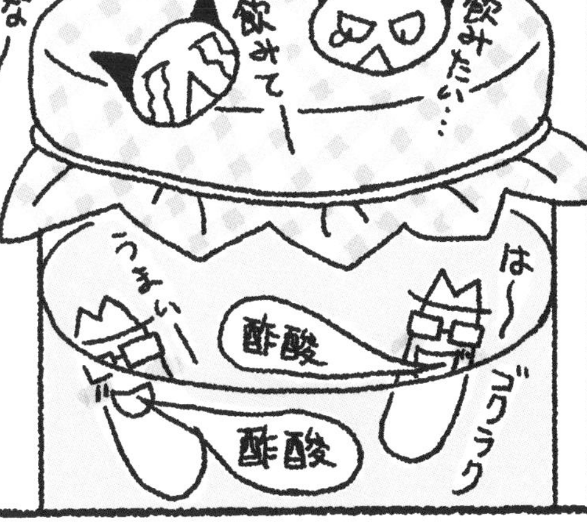

酒飲みて――
飲みたい…
いいな
飲みたいのに
飲めん――
バイキンくんたちは
サクさんが苦手だから
酒を飲みたくても
飲めないのよ～
うまい
酢酸
は～
ゴクゴク
酢酸

ぼくは
バイキンくんたちの
気持ちが
よくわかるよ…

# 柿酢をつくろう

**材　料**
柿…適量

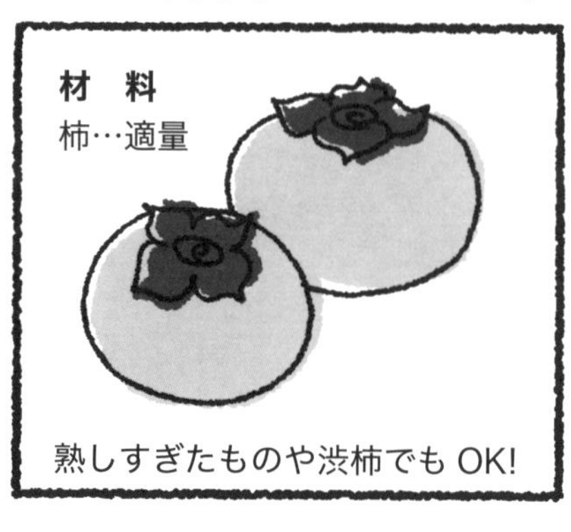

熟しすぎたものや渋柿でも OK!

**つくり方**

**① 柿を切って瓶に詰める**
柿は四つ割りにし
傷んでいる部分を
取り除きヘタを取る。
清潔なガラス瓶に
ギュウギュウに
詰めて入れ、布や
キッチンペーパーで
フタをして輪ゴムでとめる。

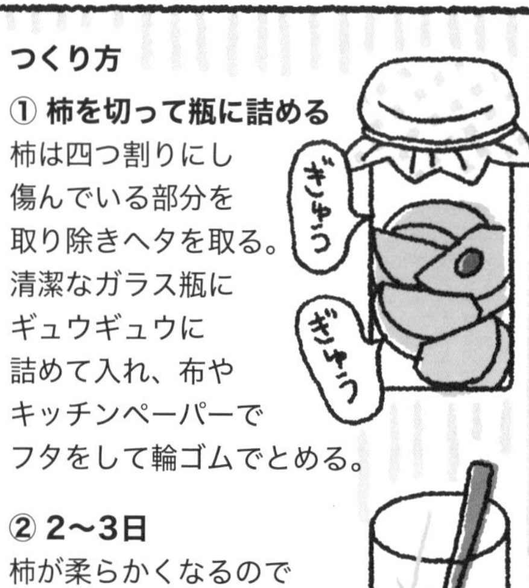


**② 2〜3日**
柿が柔らかくなるので
スプーンなどで押しつぶす。

容器はガラス瓶や
琺瑯など、雑菌が
付きづらいものがいい

**③ 3〜4日**
柿が発酵して
ぷつぷつと泡が
出てくる。
熟しすぎた果物の
ような香りがする。

ぐにゃ

**④ 5〜6日**
分離してくるので、混ぜる。
甘酸っぱい香りに
変わってくる。

**⑤ 10日くらい**
だいぶ酸味が強くなる。
思い出した時に時々混ぜる。

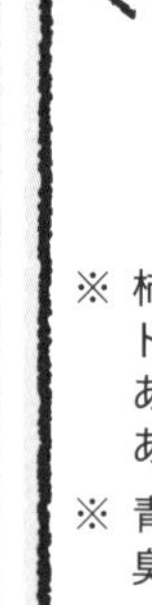

※ 柿と酢を混ぜてつくる方法や、柿と水とドライイーストでアルコール発酵させたあとに市販の酢を加える、などの方法もある

※ 青カビが生えたり、あきらかに腐敗した臭いがしたら、廃棄する

※ 日数や香りや味などは目安です。自分の目で見て、匂いを嗅ぎ、味見をしながら確認すること

**⑥ 1ヶ月くらい**
酢の味になっていたら濾過する。
最初は粗いザルでざっと濾し、
その後にペーパータオルなどで濾す。

以下の道具で濾してもいい。

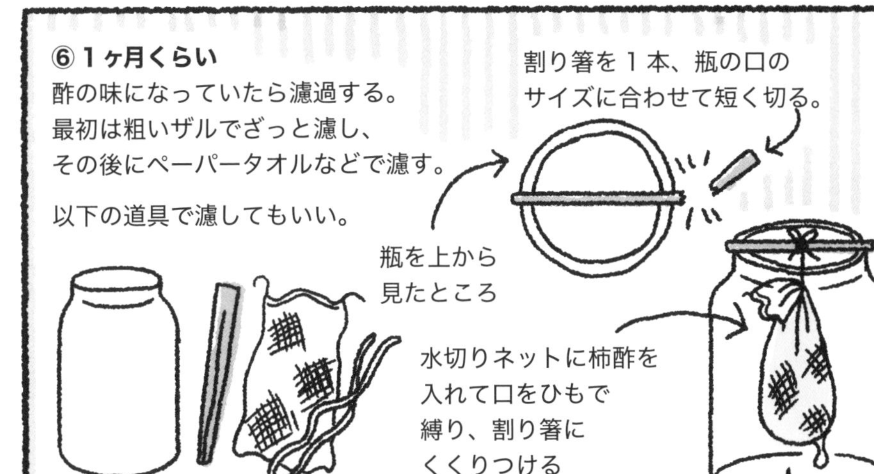

**つくり方**
材料を瓶に入れ、布やキッチンペーパーで蓋をして輪ゴムでとめ、直射日光のあたらない場所に静置する。2〜3ヶ月して酸っぱくなっていたら完成。常温でも保存できるが**冷蔵庫の方が安心。**

**材　料**（つくりやすい分量）
柿酢…40ml
日本酒…500ml
酢…500ml
水…630ml

酢をとるといいことがたくさんあります！

**疲労回復**効果！

すっぱ!!

晩酌の酒の代わりに
飲もうかしら…

うまー

血中総**コレステロール値**や
**中性脂肪値**が減少！
体内の脂肪分解促進効果、
つまり**肥満予防**になる！

**動脈硬化**や
**脳卒中、**
**高血圧予防**や
**糖尿病予防**にもいい！

**カルシウム**が
吸収しやすくなる！
**体**が**柔らかく**なる！

※高橋先生はP18を参照してください

食材の**生臭みを抑え**たり、
塩辛さをやわらげたり、
ゴボウや蓮根の**あく抜き**や
**変色防止**にも！

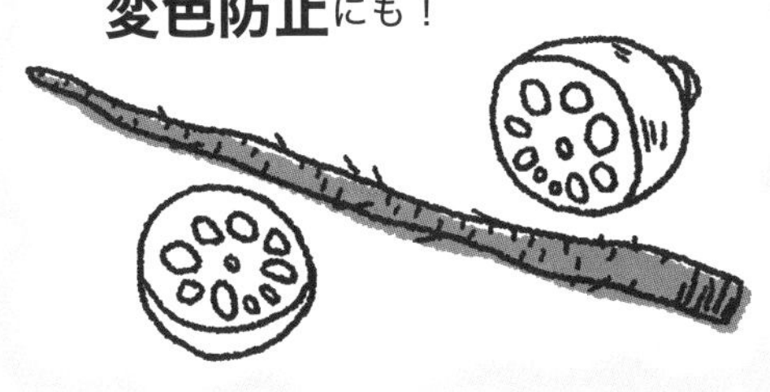

**殺菌効果**や
**防腐効果**もあるので、
魚介類の酢漬けや酢締めに使う！

## 塩麹あま酢

万能！

**材　料**

酢…100ml
はちみつ…大さじ１（20g）
塩麹（※）…大さじ１（20g）

**つくり方**

すべてをよく混ぜるだけ！

そのまま使う

### ゆでダコとわかめの酢の物

ゆでダコを一口大に切り、
戻したわかめを適量加え、
塩麹あま酢で和える。

### キャロットラペ

人参 1/2 本（100 g）を包丁か
スライサーで千切りにする。

塩麹あま酢大さじ１とオリーブオイル
小さじ２と黒コショウで和える。

### キャベツの甘酢和え

キャベツ 1/8 個（約 150 g）をざく切りにし、耐熱容器にいれる。
ふんわりとラップをし、600 wで３分レンジで加熱し、
流水をかけて粗熱をとり、水気をきる（しぼらない）。
塩麹あま酢大さじ２で和える。

酢味噌にする

### 塩麹酢みそ

**材　料**

塩麹あま酢１：みそ１～1.5くらい

**つくり方**

すべてをよく混ぜるだけ！
好みで練り辛子、マヨネーズ、練り
ゴマ、おろしにんにくなどを加える。

調理例

### ネギとしめじのぬた

ネギは４～５cm長さに切り、
しめじは石突きを切り落とし、
小房に分ける。
塩少々を入れたお湯で
さっとゆでて水気をきる。
器に盛り、塩麹みそを添える。

※あさり、イカ、カニカマボコなども合う！

※塩麹のつくり方は P96 に掲載
※ハチミツが含まれているので１歳未満の赤ちゃんには与えないでください

麹菌

ごまだれにする

## 塩麹ごまだれ

ねりごま

**材　料**
塩麹あま酢２：
白練りゴマ２：醤油１

**つくり方**
すべてをよく混ぜるだけ！

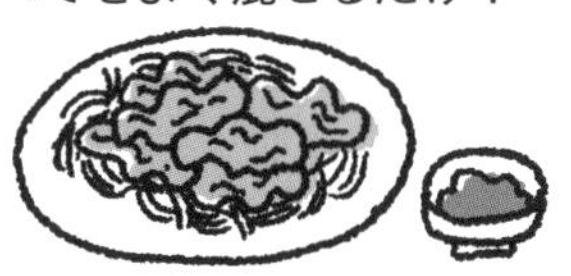

調理例

## 豚しゃぶサラダ

鍋に湯をわかし、沸騰直前の火加減（泡が出ないくらい）で弱火にし、豚しゃぶ用の肉を１枚ずつ入れ、色が変わったらすぐに取り出し、ザルなどに広げる。
最後に火を強め、もやしをさっとゆでて水気をきる。
器にのせ、塩麹ごまだれを添える。

酢酸菌

豆乳マヨネーズにする

## 塩麹豆乳マヨネーズ

**材　料**
オイル（私は米油を使用）…150ml
豆乳…100ml
塩麹…大さじ１と1/2
塩麹あま酢…大さじ１
（あれば）マスタード…小さじ１～２

**つくり方**
すべての材料をハンドブレンダーやフードプロセッサーなどでよく混ぜる。

耐熱容器に入れてフタをするかふんわりラップをして下さい

調理例

## 温野菜サラダ

ブロッコリーはかたい軸を切り落として一口大の小房に分け、600w の電子レンジで３～４分加熱する。
アスパラガスもかたい軸を切り落としてラップでくるんで 600wで１分前後加熱する。
器にゆで卵と一緒に盛り、塩麹豆乳マヨネーズを添える。

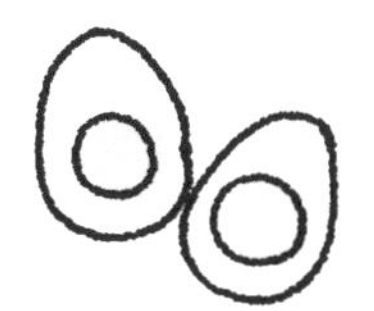

バカ夫婦

※麹の酵素が生きているので、デンプンが多いごはんや芋類と混ぜると、麹の酵素がデンプンを分解して水っぽくなります。その場合は一度塩麹あま酢を火にかけてからお使いください

# 納豆

我が家の夏の昼の定番の納豆そば
わかめ
そば
納豆
めんつゆ
ねぎ
ゆで卵
カリカリお揚げ

納豆って納豆菌でできてるって知ってた?
知ってた
もっく
もっく

納豆菌って菌もネバネバと糸ひいてるって知ってた?
ネバ
ネバ
ネバ
ネバ
ネバ
ネバ

納豆菌

知らんかった!
ちょっと気持ち悪いね!

納豆って家でつくれるの?
うーんつくれるけど…

ちなみに納豆はこうやってつくるのよ

# 納豆をつくろう

① ゆで大豆

＋

② 納豆菌

③ 45℃で
24〜48時間
保温する

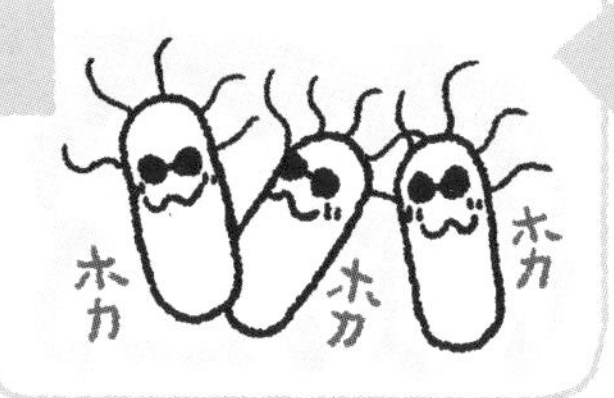


冷蔵庫で
一晩寝かせる

## ① ゆで大豆のつくり方

一晩水に漬けた大豆を圧力鍋で20分〜1時間くらい加圧する

or

一晩水に漬けた大豆を普通の鍋で弱火で3〜4時間くらいゆでる

or

市販の水煮大豆を柔らかくなるまでゆでる

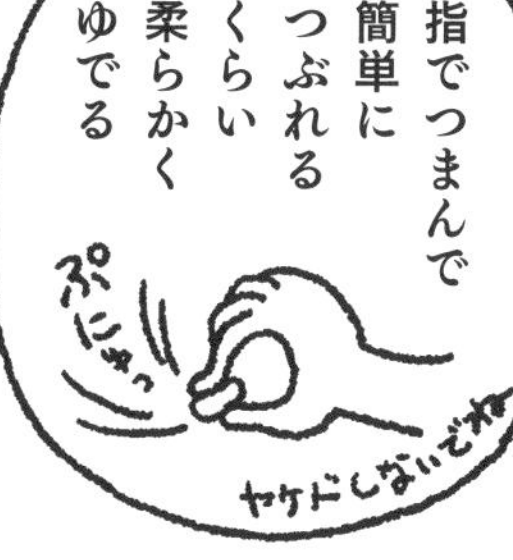


ちなみに豆は黒豆・青大豆・小豆・ひよこ豆などなんでもいいです

小豆は水からゆでて一度ゆでこぼしてからたっぷりの水で60〜80分くらいゆでる。
ひよこ豆は一晩水に漬け10分くらいゆでる。

納豆菌

## ② 納豆菌のつくり方

市販の納豆を1/4パックくらいまぜる。

or

純粋培養の納豆菌（液状または粉状）をインターネットで買う

or

稲わらを煮沸したものを使う。

え？

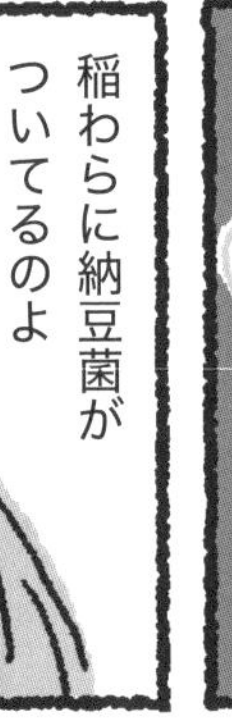


納豆菌は100℃になっても冷凍しても乾燥しても死なない**めちゃめちゃ丈夫な菌なのよ**

胞子の状態なら**宇宙でも生きられる**みたい

納豆菌

だから酒や味噌や醤油をつくる蔵では納豆食べちゃいけないんだって

他の菌より強いから

酒

みそ

**最強だね**

## ③ 保温のしかた

ゆでた豆と納豆菌を容器にいれる。空気穴をあけて発泡スチロールの箱などに入れ、湯たんぽやお湯を入れたホット飲料用のペットボトルなどで保温する

or

ヨーグルトメーカーなどの専用の器具を使う

そうなのよ だからよっぽど好きな人じゃないと手づくりはオススメしないの

でも自分でつくった納豆は市販の納豆とは**違うおいしさ**があるよ

市販の納豆は小粒で味が締まっていてアレンジしやすい

手づくり納豆は大豆の味が引き立っている

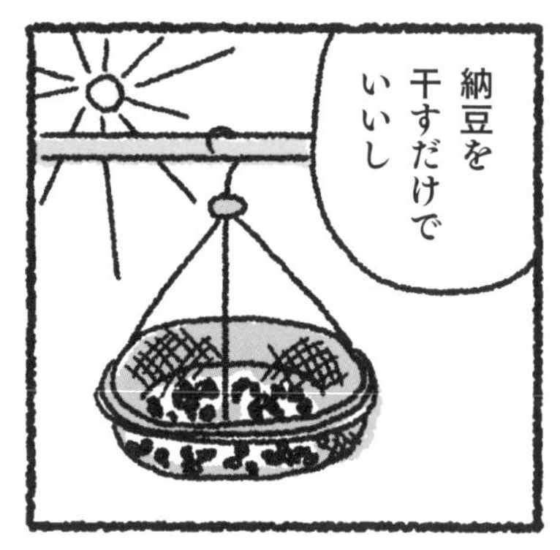

## 乾燥納豆

**材　料**（つくりやすい分量）
A. 納豆…1 パック（45g）
　ゆかりしそふりかけ…小さじ 1/3
片栗粉…小さじ 1/3+ 小さじ 1/3

**つくり方**
① A と片栗粉小さじ 1/3 をよく混ぜ、
　クッキングシートの上に薄く広げ、
　カラカラに乾くまで天日で干す。

②電子レンジで作る場合は 600Wで
　30 秒加熱し、1 分乾かすという作業を
　カラカラに乾くまで繰り返し（12 回くらい）、
　そのまま冷ます。手でほぐし片栗粉をまぶす。

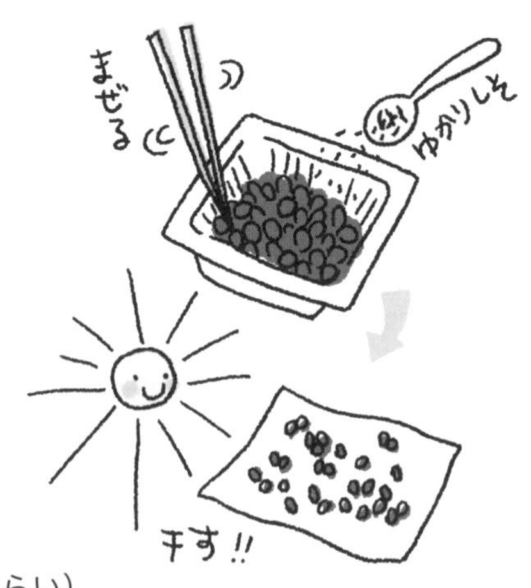


※市販の干し納豆・乾燥納豆もあります

すごく身近なのに
すごすぎる納豆様の
パワーを見てみて！

えへへ〜

## ビタミンB2が豊富！

ビタミンB2が不足すると
肌荒れ、疲労、抜け毛、
口内炎などを引き起こします。
ビタミンCだけを摂取しても
その効果を発揮しません。

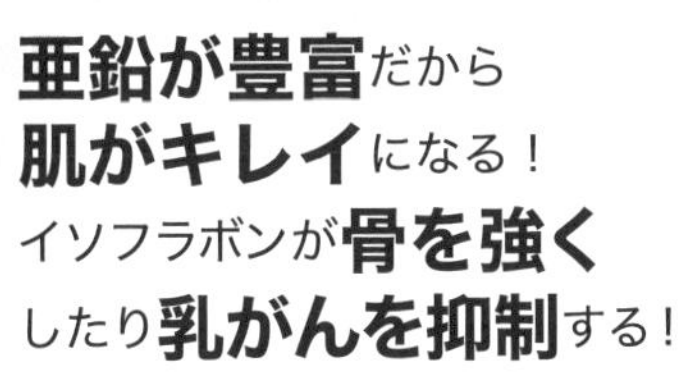

**亜鉛が豊富**だから
**肌がキレイ**になる！
イソフラボンが**骨を強く**
したり**乳がんを抑制**する！

## タンパク質が豊富！

大豆は「畑の牛肉」と言われるほど。
それを発酵させることにより
アミノ酸も増えてうまみが増す！

**ナットウキナーゼ**は
血液をサラサラにしてくれる。

サラ サラ サラ

**カルシウムや**
**ビタミンK2**も
含まれているので、
骨粗しょう症予防にもいい。

つまみになる簡単納豆レシピ！

# 納豆を食べよう

## ピリ辛ささみ納豆

**材　料**（2人分）
納豆…1パック（45g）
鶏ささみ…3本（200g）
乾燥わかめ…5g
A. 塩麹・酒…各小さじ1
B. 酢・ごま油…各小さじ2
　豆板醤・ネギ・塩麹または塩…少々

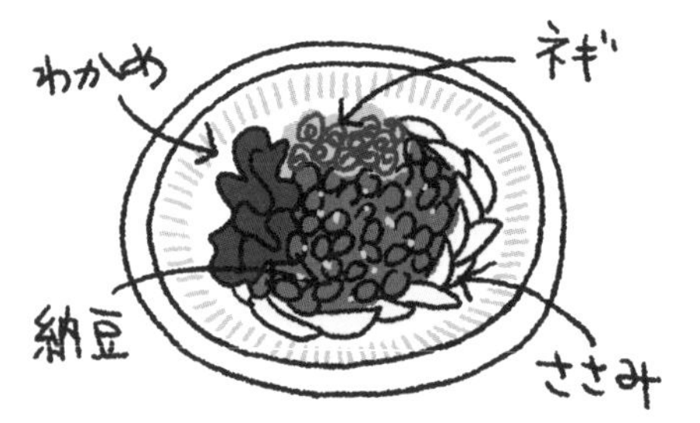


**つくり方**

①鶏ささみを耐熱容器に入れてAをまぶし、ふんわりとラップまたはフタをゆるく閉め、電子レンジ500wで1分半加熱し、上下を返してさらに1分〜1分半加熱してそのまま冷ます。冷めたら手で食べやすい大きさに裂いておく（※）。

②乾燥わかめは水で戻し、水気を絞りBと和える。納豆は付属のたれか醤油をかけ混ぜておく。

③器にささみ、わかめ、納豆をのせる。

※蒸し汁はスープなどに使ってください
　Bの豆板醤＋塩の代わりに梅肉でも良し♪

## しいたけ納豆

**材　料**（2人分）
納豆…1パック（45g）
しいたけ…6個
A. にんにくみじん切り（チューブでも）…1片
　オリーブオイル…小さじ2
　塩または塩麹…少々
粉チーズ・黒コショウ…適量

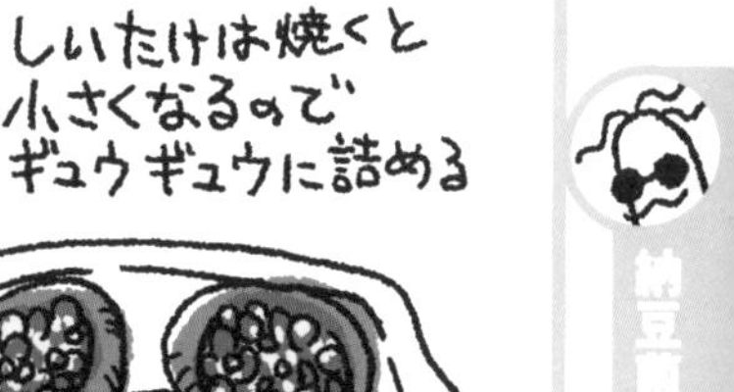


**つくり方**

①しいたけは軸を切り取り、軸を粗く刻んでおく。

②納豆は付属のたれか醤油、A、刻んだ軸を混ぜる。

③耐熱容器にしいたけのひだを上にして並べ、6等分した2をそれぞれのひだの上にのせ、粉チーズをふりかけて、オーブントースターで10分焼き、仕上げに黒コショウをひく。

# 泡菜（パオツァイ）

あっ
そうだ！

そうかも…
しょぼーん…

いいものが
あります！

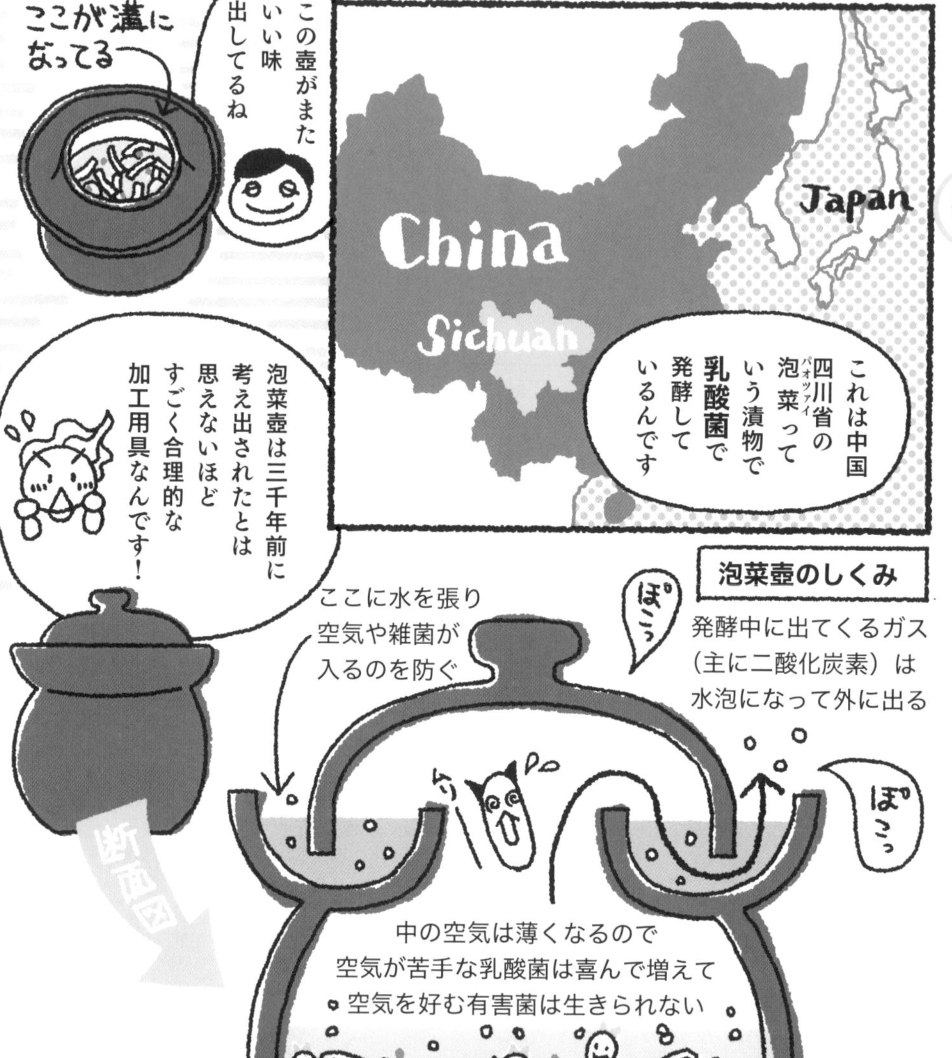

※私は台湾の『鶯歌陶瓷老街（イングァ・タオツー・ラウヅェ）』という陶器の街を探し回って、やっと見つけましたが、中国・四川省に行くときっともっと普通に売っているかもしれません

おなじみの**乳酸菌**がとっても豊富！
漬け汁に牛乳や豆乳をいれて常温に置いておくと塩味のヨーグルト（※）ができます！

生姜や唐辛子には
**代謝を上げ**
てくれる作用がある！

花椒（ホアジャオ）や八角は
**消化を助けて**
くれるので、脂っこいものを食べてもすっきり！

泡菜すごい！

うちでも漬けたいけどこの壺がないとできないの？

実はちょっと便秘気味で…

そう言われると思ってジッパー付き保存袋でレシピを考えました♪

簡単なので失敗してもまたつくればいいですし♪

ぬか床を失敗した人（私）もこれなら失敗しないかも！

※清潔な瓶にスプーン１～２杯の泡菜の漬け汁を入れ、コップ１杯くらいの豆乳を入れて混ぜ、フタをして常温に１～２日置いておくと固まります

# 泡菜をつくろう

## 大根泡菜

**材　料**（つくりやすい分量）
大根 6 ～ 8㎝くらい（約300g）
生姜（風味付け）…1 片（約15g）
A. 水…300ml（野菜と同じ重量）
　焼酎…大さじ 1（15g）
　塩…15 ～ 24g（材料の 0.05 ～ 0.08%）
　砂糖…10g（塩の 2/3 くらい）
B. 花椒…2g くらい
　鷹の爪…2 本くらい
　（あれば八角…1 個）

**つくり方**

① A をよく混ぜて塩や砂糖を溶かし、野菜を切る。

②ジッパー付き保存袋に①と B を入れ、空気を抜いてジッパーを閉める。野菜から水分が出てきたら、再度空気を抜いてジッパーを閉める。

③室温に 1 週間くらい置き、酸味が出てきたら雑菌が入らないように箸などで取り出して食べる。冷蔵庫で保存する。

※大根は半日くらい干すとさらにおいしくなる。キャベツや人参や白菜を足してもおいしい。
（2 回目以降は早く漬かる）

# 塩麹・麹たれ

※レシピはP100にあります

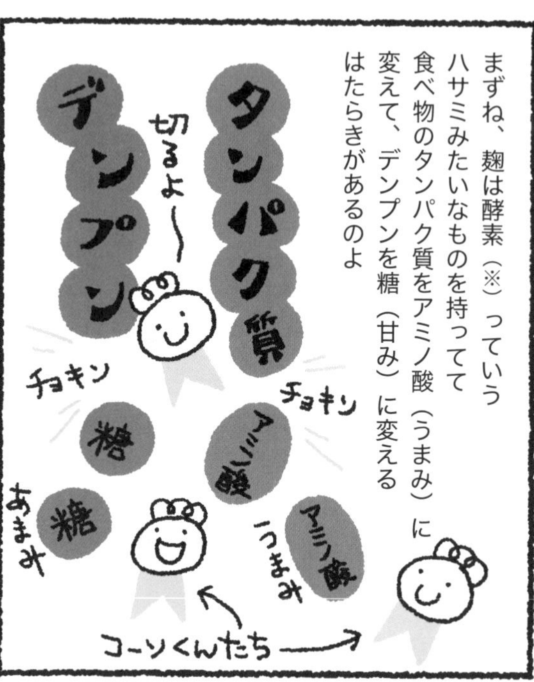

※麹菌の持つ酵素は100種類近くあると言われています。
詳細はP20を参照ください

米が麹になるといいことがたくさん増えます！

甘酒も同じ！

体内でつくることができない
**必須アミノ酸**を摂取すると
**肝機能がアップ**する！

体の**タンパク質**をつくる能力も
アップする！

タンパク質は**髪**や**皮膚**、
**筋肉**や**内臓**などをつくるだけ
ではなく
**免疫抗体の原料**にも
なるとか！

※身体にいいとはいえ、入れすぎると
しょっぱくなるので控えめにお使いください

蒸米に麹菌が繁殖すると
それまで蒸米にはなかった
**ビタミン類**や**必須アミノ酸**
**ペプチド類**や
**複合タンパク質**など
**400 成分**も蓄積される！

## 酵素パワー

麹に含まれるたくさんの
**酵素**は働きもの！

**血圧を正常**に保つ！
**癌細胞**の増殖も**抑制**！

胃の中の食べ物を分解して、
**栄養成分**が**体内に**
**吸収**されやすくなる！

# 塩麹をつくろう

**材　料**
米麹…200g
塩…60g
水…250ml

**つくり方**

**①麹と塩をまぜる**
米麹は塊であれば手でほぐしてボウルにあけ、塩をまぜる。

**② 水をいれる**
①を容器に入れ水をそそいで軽くまぜ、容器に入れてゆるくフタをする

発酵途中でガスを出してかさが増えるので、容器は大きめのものを使う。

**③ ときどきまぜる**
常温に置き１日に１回くらいまぜる。最初は水分が少ないが時間がたつとしっとりしてくる。

夏は早く発酵し、冬は遅い。もっと早く作りたい時は、甘酒と同じように保温すると15時間くらいで完成する。

**④ 完成**
１～２週間していい香りがして米の芯がほとんどなくなっていたら完成。

時間が経つと淡いベージュ色になり、米粒も溶けてくる。ガスを含んだ米粒と液体が分離するので、時々まぜる。

※常温で保存可能ですが、真夏などは冷蔵庫で保存した方が安心です。
半年くらいで使い切ってくださいね

# 塩麹を使おう



## 野菜を漬ける時

普通の塩だけの浅漬けと同じなんだけど、塩にはない麹の甘みとか複雑なうまみがあるからよりおいしくなるのよ

野菜
＋
うまみ
＋
あまみ

### きゅうりの塩麹漬け

**材料（つくりやすい分量）**
きゅうり…1本
塩麹…大さじ1/2（※）

**つくり方**
きゅうりを一口大に切って塩麹をまぶす。
★ビニール袋かジッパー付き保存袋に入れ、空気を抜いて口を閉じて冷蔵庫に保存し、時々天地を返しながら30分〜1晩おく。

※野菜の重さの10%くらいの塩麹を混ぜる（塩麹大さじ1は約20g）
※ごま油やオリーブ油を加えてもいい

## 肉や魚を漬ける時

塩麹をちょこっとまぶしてラップとかで巻いて冷蔵庫にいれておくだけで、肉や魚のタンパク質がアミノ酸（うまみ）に変わるからおいしくなるのよ

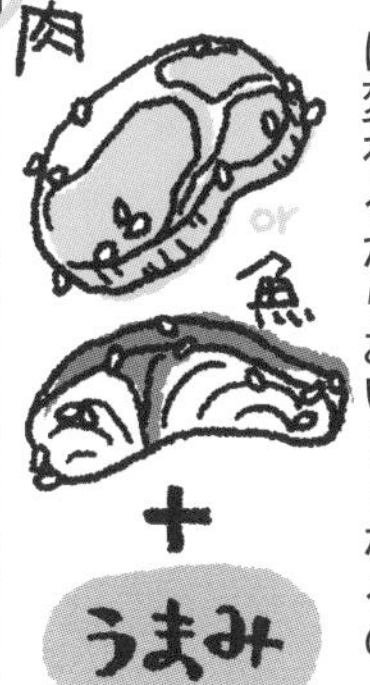


焦げやすいからフッ素樹脂加工のフライパンを使って、弱火でじわじわ焼くか、鍋や電子レンジで蒸し煮にするのがいいよ

### ゆで卵の塩麹漬け

卵を好みのかたさにゆでて殻をむき、ゆで卵1個につき小さじ1くらいの塩麹をまぶす。（以下★印）

### 豆腐の塩麹漬け

もめん豆腐の水気をしっかりときり、豆腐1丁に対して塩麹大さじ1〜2くらいをまぶしてラップでくるむ。（以下★印）。

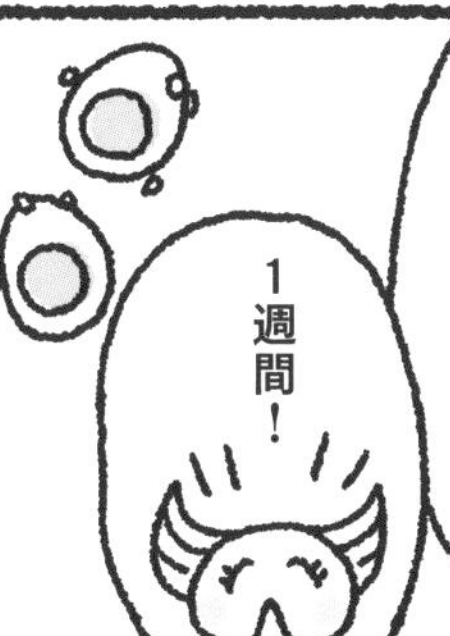

## 塩麹みどり酢

**材料（つくりやすい分量）**

きゅうり…1/2 本

A 塩麹…小さじ 1

　酢…小さじ 2

**つくり方**

きゅうりをすりおろし、A とまぜる！

さっぱりしてて夏にピッタリ！

## 豆乳ヨーグルトきなこだれ

**材料（つくりやすい分量）**

豆乳（※1）ヨーグルト…大さじ 2

きなこ（※2）…小さじ 1

塩麹…小さじ 1

**つくり方**

すべての材料をまぜるだけ！

ヘルシーでおいしい！

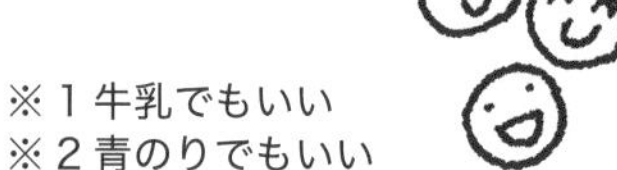


※1 牛乳でもいい

※2 青のりでもいい

## 塩麹ハニーマスタードだれ

**材料（つくりやすい分量）**

塩麹／マスタード／はちみつ…各大さじ 1

すべての材料を混ぜるだけ！

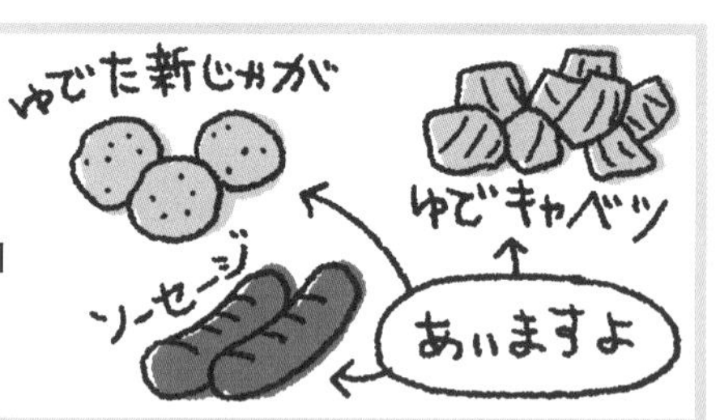

麹菌

うちの常備だれや!!

じゃあ
こんなのはどや!
麹を漬けとくだけ!

## スタミナンプラー麹

**材　料**
にんにく１：生姜１：麹２
ナンプラー…適量

**つくり方**
にんにくと生姜は刻み、麹と共に瓶に入れ、ナンプラーをひたひたに注ぎ入れ、１～２日置いて麹が柔らかくなったら使う。中身が少なくなったら足していく。

## スタミナ醤油麹

**材　料**
にんにく１：生姜１：麹２
醤油…適量

**つくり方**
にんにくと生姜は刻み、麹と共に瓶に入れ、醤油をひたひたに注ぎ入れ、１～２日置いて麹が柔らかくなったら使う。中身が少なくなったら足していく。

※にんにくや生姜が苦手な方は、にんにくだけ、生姜だけ、もしくは両方いれなくてもOKです！

ずぼらさんにおすすめ
塩麹レシピ!

## プチトマトとツナの白和え

**材　料**（2人分）
プチトマト…1パック
もめん豆腐…1/2丁
A 塩麹…大さじ1
　すりごま…大さじ2
　ツナ缶…1缶

**つくり方**
①プチトマトはヘタを取り、半分に切る。
②もめん豆腐はさらしかキッチンペーパーでくるみ、両手で押して水気をしぼり、Aをよくまぜる。
③①と②をまぜる。

## 豆とパプリカのピクルス

**材　料**（つくりやすい分量）
ミックスビーンズ
（缶詰やパウチのもの）…100g
パプリカ（黄色）…1個
レーズン…50g
塩麹…大さじ1
酢…50ml
（あれば）ローリエ…1～2枚
赤唐辛子…1本

**つくり方**
①パプリカはヘタと種をとり、1センチ角に切る。
②すべての材料をビニール袋かジッパー付き保存袋に入れ、空気を抜いて口を閉じて冷蔵庫に保存し、時々天地を返しながら30分～1晩おく。

# 塩水肉

今日の夕飯はどうする？
豚肉で野菜炒めかなー
アナタいつもかたまり肉買うね
なんでて、
だって…
塩水に漬ける分の肉
炒めものの分の肉
炒めものに使った残りは塩水に漬けておけばいいし
塩水？
塩水に漬けておくとこんなにいいことがあるのよ！

豚肉を塩水に漬けると、いいことがたくさんあります！

**バイキンくんは塩が苦手**なので
**寄りつきにくく**なり、
冷蔵庫で１週間くらい保存可能（※）。

豚肉には、糖質をエネルギーに
変える**ビタミンB1が豊富**
に含まれている！
ビタミンB1が不足すると
身体も脳も疲れやすくなる！
塩麹でつくったたれと共に
（P98参照）たくさん召し上がれ！

塩の浸透圧により肉の水分が抜け
肉がもともと持っている**酵素**が
肉のタンパク質をアミノ酸（うまみ）に
分解するので**うまみUP！**

その分解過程で
肉の筋繊維をつないでいる
コラーゲンの接着性を弱めて
**柔らかくなる**

※あくまで目安です。変な臭いがしたら廃棄してくださいね

かまぼこが
ぷりぷりになるのも
塩のおかげ！

塩には、肉や魚などに含まれるタンパク質を、**弾力あるしっとりした食感**に変える効果がある！

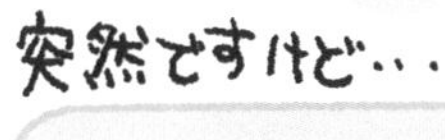

微生物（乳酸菌や酵母など）が人間に役に立つ働きをすること

自分が持ってる酵素でタンパク質を分解してアミノ酸にすること

二度おいしい！

肉を漬けた塩水にもうまみが溶け出しているので、一度沸騰させてからアクをとると、おいしいスープになる

塩水肉は
熟成です

どちらもうまみが
増すのが特徴です♪

ザワークラウトやヨーグルトなどの
**発酵食品と一緒に食べる**と
さらにおいしくて**ヘルシー♪**

# 塩水豚をつくろう

**材　料**

豚ロースかたまり肉（※）…400g
水…150ml
塩…小さじ1（6g）← 4%の食塩水

※豚バラかたまり肉でも OK です！
　肉が大きい場合は水と塩を増やしてください。

**つくり方**

**① 塩を溶かす**
水に塩を入れ
塩が溶けるまで
よく混ぜる。

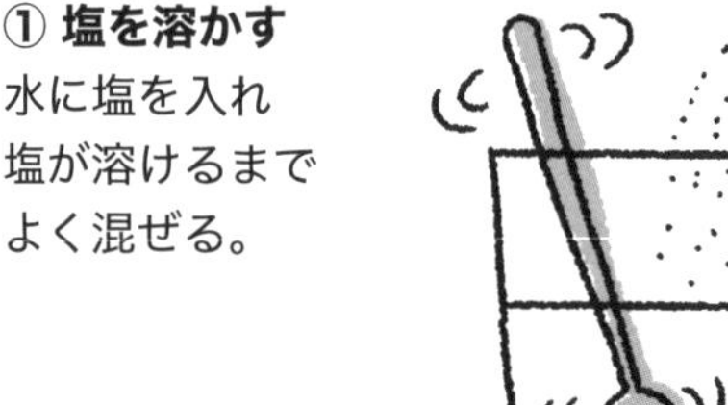

**② ビニール袋に入れて冷蔵庫で保存**
豚肉と①をビニール袋に入れて
空気を抜き、口を閉じて冷蔵庫で保存。

厚めのビニール袋や
ジッパー付き保存袋が
オススメです

ビニール袋ごと密閉容器に
入れておくと安定して
保存しやすい

マスキングテープを貼って
日付を書いて
おくとわかりやすい！

# 塩水豚のオススメの食べ方

私のオススメの食べ方は

## ①焼く／炒める

器にカイワレ大根などを
下に敷くと見た目もいい！

3㎜前後の厚さに切り
フライパンに油をひかず
中弱火で両面じわじわと焼くだけ！

好みで黒コショウや
ハーブなどをかける。

食べやすい大きさに切って
野菜と一緒に炒めてもおいしい！

## 残った肉を ②ゆでる

①漬け汁と一緒に鍋に入れ
水を足してひたひたにし
中火にかける。

②たくさん浮いてくるアクを取り
沸騰したら弱火で 10〜15 分ゆでて
鍋に入れたまま冷ます。

③ゆで汁（※1）と共に密閉容器に入れて
冷蔵庫で保存。（5日は保存可能※2）

薄くスライスしてマスタードや
辛子醤油などと共に食べる。
ザワークラウトにも合います！

※1ゆで汁は残り野菜などを入れて
スープにして使ってくださいね！

※2保存期間は目安です

野菜と共に
③煮込む
根菜類と一緒に煮込んでポトフ風にしたり
カレーやシチューに入れたりする。
じっくり煮込むとやわらか〜

塩水に漬けておいたら生のままでも一週間、そのあとゆでればさらに5日ほどもつ（※）から、たっぷり豚肉を楽しめる！
熟成されておいしくなるしスープも楽しめるよ！
お酒にも合うし!!
ブヒ
塩水すごいね！
コスプレ？
※あくまで目安です
でもこれって豚肉だけ？鶏肉じゃだめなの？
鶏肉でももちろんできるよ！
せせり
てば
ぼんじり
むね
もも
むね肉でももも肉でも！

# 塩水鶏をつくろう

材 料
鶏もも肉またはむね肉…1 枚（300g くらい）
水…100ml
塩…小さじ 1/2（3g）← 3%の食塩水
水
つくり方
① 塩を溶かす
水に塩を入れ
塩が溶けるまで
よく混ぜる
② ビニール袋に入れて冷蔵庫で保存
鶏肉と①をビニール袋に入れて
空気を抜き、口を閉じて冷蔵庫で保存
鶏肉は身が柔らかいせいなのか同じ塩分量だとしょっぱくなるので豚肉より塩を減らします
それ以外は塩水豚と同じつくり方ですよ！
コケー
塩水豚より早めに（4日くらい）食べきってください
これだけ!!

# 塩水鶏を食べよう

ゆで鶏
①漬け汁と一緒に鍋に入れ
ひたひたになるまで
水を足して中火にかける。
②たくさん浮いてくるアクを取り
沸騰したら弱火で５～10分ゆでて
鍋に入れたまま冷ます。
③ゆで汁と共に密閉容器に入れて
冷蔵庫で保存。（3日間保存可能）
アクをとりながら ゆでるだけ～～
水をいれずに セイロで蒸しても おいしい～
むね肉の場合
薄くスライスして
パンに挟んだり
手で裂いてサラダなどに
入れて食べる。
むし
むし
ゆで汁はスープなどに！
もも肉の場合
食べやすい大きさに切って
そのまま、または
生姜醤油やマスタードで
食べる！
やわらかくて おいしい♪
とにかく
かたまりの豚肉や鶏肉を 買ったらとりあえず 塩水に漬けておくと 日持ちもするから安心！
うまムっ
酒のアテにもなるし 急な来客でも安心だね
急な来客（T先輩）

# 塩水鶏を料理に使おう

## 塩水鶏チキンライス

**材　料**（4人分）
ゆで塩水鶏（もも肉）…1枚
塩水鶏のゆで汁＋水…2合分
米…2合
醤油・おろし生姜・白髪ネギ…各適量

**つくり方**
①米を研いで1時間浸水させて炊飯器に入れ、ゆで汁と水を2合分入れて炊飯する。

②器に①と食べやすい大きさに切った塩水鶏をのせ、白髪ネギをのせる。肉を生姜醤油につけながら食べる。

## 塩水鶏キャベツサラダ

**材　料**（2人分）
ゆで塩水鶏（むね肉）…1枚
キャベツ…1/8個
A. ナンプラー・ごま油
　…各小さじ1
　マヨネーズ…大さじ1
黒コショウ…適量

**つくり方**
①ゆで塩水鶏を手で食べやすく裂き、よく混ぜたAと和える。

②キャベツを千切りにして器に盛り、①を上からのせ、黒コショウをふる。



※鶏の手羽先を塩水に漬けて焼いてもおいしいですよ♪

# さいごに

アトピーが軽減したので皮膚科には 10 年以上行っていません！

強い薬よさようなら〜！

## 参考文献（順不同）

●小泉武夫（著）／おのみさ（絵・レシピ）(2015)『絵でわかる麹のひみつ』講談社
●小泉武夫（著）(2009)『発酵美人～食べるほどに美しく~』メディアファクトリー
● ferment books（著）／ おのみさ（著）(2019)
『発酵はおいしい!-イラストで読む世界の発酵食品 - 』パイインターナショナル
●農文協編（2010)『農家が教える　発酵食の知恵』農山漁村文化協会
●生活環境教育研究会編（2003）『ぷくぷく発酵するふしぎ』農山漁村文化協会
●「プクプク酵母菌の世界へ」『現代農業』2006 年 12 月号　農山漁村文化協会
●「こうじ菌バンザイ」『現代農業』2010 年 1 月号　農山漁村文化協会
●北垣浩志（監修）／早川純子（イラスト）(2018)『こうじ菌（菌の絵本)』農山漁村文化協会
●佐々木泰子（監修）ヒロミチイト（絵）(2018)『にゅうさん菌（菌の絵本)』農山漁村文化協会
●木村啓太郎（監修）／高部晴市（イラスト）(2018)『なっとう菌（菌の絵本)』農山漁村文化協会
●宮尾茂雄（編集）／ かわむらふゆみ（イラスト）(2009)
『ピクルスの絵本（つくってあそぼう 35)』農山漁村文化協会
●わたなべ すぎお（編集）／さわだ としき（イラスト）(2004)
『なっとうの絵本（つくってあそぼう）』農山漁村文化協会
●柳田藤治（編集）／山福朱実（イラスト）(2006)
『酢の絵本（つくってあそぼう)』農山漁村文化協会
●永田十蔵（著）(2008)『誰でもできる手づくり酢』農山漁村文化協会
●「世界が夢中！　発酵レッスン」『料理通信』2019 年４月号　料理通信社
●小崎 道雄（著）, 佐藤 英一（著）, 雪印乳業健康生活研究所（編集）(2004)
『乳酸発酵の新しい系譜』中央法規出版
●中居惠子（著）(2016)『つくってみよう！発酵食品』小泉武夫監修　ほるぷ出版
●中居惠子（著）(2017)『もっと知ろう！発酵のちから』小泉武夫監修　ほるぷ出版
●金内誠・舘野真知子（2013)『すべてがわかる！「発酵食品」事典』小泉武夫監修　世界文化社
●折出恭子（監修）(2005)『手作りの化粧水と美肌パック』成美堂出版
●江田証（著）(2019)『新しい腸の教科書 健康なカラダは、すべて腸から始まる』池田書店
●舘 博（監修）(2015)『図解でよくわかる発酵のきほん』誠文堂新光社
●アドバンスドブルーイング（著）(2015)『リンゴのお酒シードルをつくる』農山漁村文化協会
●小倉ヒラク　文・絵（2017)『夏休み！　発酵菌ですぐできる おいしい自由研究』あかね書房
●きのこ（2012)『発酵マニアの天然工房』三五館
●本間真二郎（著）(2018)『病気にならない食と暮らし』セブン & アイ出版
●池上 文雄（監修）／加藤 光敏（監修）, 河野 博（監修）, 三浦 理代（監修）, 山本 謙治（監修）(2018)
『NHK 出版 からだのための食材大全』NHK 出版
●ツレヅレハナコ（著）（2016)『女ひとりの夜つまみ』幻冬舎
●按田優子（2018)『たすかる料理』リトルモア
●藤田紘一郎（監修）／川上 晶也　田和 璃佳（著）(2018)
『決定版「デブ菌」が消えて「ヤセ菌」が増える腸活 × 菌活レシピ 100』徳間書店
●東京慈恵会医科大学附属病院 栄養部（監修）(2017)
『その調理、9 割の栄養捨ててます！』世界文化社
●東城百合子（著）(1978)『家庭でできる自然療法　誰でもできる食事と手当法』あなたと健康社
● Sandor Ellix Katz（著）(2016)『発酵の技法』オライリージャパン

## 著者：おのみさ

イラストレーター／麹料理研究家。
味噌づくりをきっかけに麹菌のおもしろさに目覚め、2010年に『からだに「いいこと」たくさん　麹のレシピ』（池田書店）を出版。その後『麹巡礼 おいしい麹と出会う9つの旅』（集英社 2013年）など、麹関連の本を計7冊手がけている。最近は麹菌だけではなく、乳酸菌、酵母菌、酢酸菌なども愛してしまい、菌愛がとどまるところを知らない。近著に ferment books との共著『発酵はおいしい！』（小社刊 2019年）がある。
ブログ【糀園】にて『ゆる菌活』のほか、発酵食品のレシピなど幅広く発信中。
【糀園】https://koujieeen.exblog.jp/

## 監修：高橋信之

東京農業大学　応用生物科学部　食品安全健康学科　教授
京都大学農学部卒業、同大学農学研究科修士課程、同大学医学研究科博士課程を修了（医学博士）。京都大学農学研究科・助教などを経て、2014年に東京農業大学応用生物科学部食品安全健康学科・准教授。2018年より現職。専門は食品機能性成分の同定とその機能解析。最近は、微生物が発酵過程で作り出す成分に注目している。


**ゆる菌活** 発酵食品を手作りしたら人生が変わった！

2020年5月24日　初版第1刷発行

著者　おのみさ
監修　高橋信之
装丁　松村大輔（PIE Graphics）
校正　株式会社ぷれす
編集　関田理恵

発行人　三芳寛要
発行元　株式会社パイ インターナショナル
〒170-0005　東京都豊島区南大塚2-32-4
TEL 03-3944-3981　FAX 03-5395-4830
sales@pie.co.jp

印刷・製本　株式会社廣済堂





ISBN978-4-7562-5291-3　Printed in Japan